煤炭高等教育"十四五"规划教材

C语言程序设计与计算思维

主　编　贤继红　林　琳

中国矿业大学出版社
·徐州·

内 容 简 介

本书参照普通高等教育 C 语言程序设计课程教学大纲的基本要求编写。全书涵盖计算思维与 C 语言基础知识、数据的存储与基本操作方法、条件选择语句、循环控制语句、数组、指针、基本数据结构、函数、文件操作等内容。本书使用的经典案例均与现实相关,方便学习者创建学习情境,使用低阶、中阶和高阶相结合的习题,方便学习者记忆与理解、应用与分析、评价与创新等思维的培养。

本书可作为高等院校初学计算机语言程序设计的学生、计算机培训班学员 C 语言考前培训的教材,亦适合广大软件开发人员和自学人员参考。

图书在版编目(C I P)数据

C 语言程序设计与计算思维 / 贤继红,林琳主编

. —徐州：中国矿业大学出版社,2023.6

ISBN 978 - 7 - 5646 - 5877 - 9

Ⅰ. ①C… Ⅱ. ①贤… ②林… Ⅲ. ①C 语言—程序设计—高等学校—教材 Ⅳ. ①TP312.8

中国国家版本馆 CIP 数据核字(2023)第 109612 号

书　　名	C 语言程序设计与计算思维
主　　编	贤继红　林　琳
责任编辑	何　戈
出版发行	中国矿业大学出版社有限责任公司
	(江苏省徐州市解放南路　邮编221008)
营销热线	(0516)83885370　83884103
出版服务	(0516)83995789　83884920
网　　址	http://www.cumtp.com　E-mail:cumtpvip@cumtp.com
印　　刷	江苏淮阴新华印务有限公司
开　　本	787 mm×1092 mm　1/16　印张 12.5　字数 316 千字
版次印次	2023 年 6 月第 1 版　2023 年 6 月第 1 次印刷
定　　价	38.00 元

(图书出现印装质量问题,本社负责调换)

前　　言

　　C 语言是一种通用的、过程化编程语言,是由贝尔实验室的 Dennis Ritchie (丹尼斯·里奇)在 20 世纪 70 年代初开发的,并在那个时候成为操作系统和系统编程的主要语言。目前 C 语言也是高等院校本科非计算机专业基础课程之一。C 语言具有高度的可移植性和高效率,它提供了丰富的数据类型、运算符和控制结构,使得程序员能够编写快速、有效的代码。C 语言的语法简单清晰,易于学习和理解,它还提供了丰富的库函数,方便开发者进行各种应用程序的开发。C 语言广泛应用于系统软件开发、嵌入式系统、游戏开发、科学计算等领域。许多现代编程语言如 C++、Java、Python 等都受到 C 语言的影响,因此学习 C 语言对于理解和掌握其他编程语言也是很有帮助的。

　　本书"重思维、重方法、轻语言",全书以问题求解的思维方法为重点,主要讲述问题解决过程中的关键点和重要步骤,讲述典型问题的经典算法,讲解相关的 C 语言知识点,用 C 语言的语句编写程序实现算法,利用计算机解决问题。

　　本书使用的经典案例,均与现实相关,方便学习者创建学习情境,使用低阶、中阶和高阶相结合的习题,方便学习者记忆与理解、应用与分析、评价与创新等能力培养。

　　本书注重对学生计算思维的培养,增强他们分析问题、解决问题的能力,计算思维与各学科思维相互融合能促进学生各学科思维的形成,也加强了学生对专业知识体系的理解,有利于学生专业基础技能的培养。

　　全书共有 11 章。

　　第 1 章简要介绍计算思维的基础知识,计算机的工作原理及程序设计的基础知识,C 语言程序的特点、结构、运行环境及操作方法。

　　第 2 章介绍数据在计算机中的存取和表示方法,以及 C 语言编程工具中数据的基本操作方法。

　　第 3、4、5 章介绍程序设计的三种基本结构。其中第 3 章介绍数据的基本运算与顺序结构程序的特点,以及用 C 语言编写顺序结构程序所必需的基本数据运算规则和输入输出方法。第 4 章讲述逻辑判断与选择结构程序的特点,以及 C 语言中的条件判断与选择语句。第 5 章介绍迭代计算与循环结构程序的设计方法,通过实例介绍与循环相关的算法,并利用 C 语言程序实现算法,解决循环类问题。

第 6、7、8 章介绍复杂数据类型的处理方法。其中第 6 章通过数组实例,介绍用集合与数组数据类型解决大量同类型数据问题的方法。第 7 章重点介绍内存地址与变量的关系,以及地址数据的操作方法,为复杂数据结构的学习奠定基础。第 8 章介绍复杂数据结构的组织方法,用 C 语言中结构体数据类型操作复杂数据。

第 9 章介绍模块化思想,利用 C 语言通过函数的定义与调用解决复杂问题。

第 10 章介绍文件在数据存储中的原理及操作方法。

第 11 章介绍泛化编程与预编译在程序中的作用,并用 C 语言程序实现。

本书由贤继红、林琳编写。其中,贤继红主要撰写前言、第 7～11 章的内容及附录,林琳主要撰写 1～6 章的内容。

本书力求概念清晰、结构合理、内容严谨、讲解透彻、重点突出、示例典型、实用性强,既考虑到初学者的特点,又能满足软件设计人员的工作需要,不仅可以作为高等院校本、专科学生初学计算机高级语言程序设计的教材以及计算机培训班学员 C 语言的考前培训教材,也适合广大软件开发人员和自学人员参考阅读。由于作者水平有限,书中难免有疏漏之处,恳请广大读者批评指正。

编　者

2022 年 1 月

目　录

第 1 章　计算机及程序设计概述

1.1　计算思维简介

计算思维的概念最早于 2006 年由美国卡内基梅隆大学计算机科学系主任周以真教授提出。

计算思维是指运用计算机科学的基础概念进行问题求解、系统设计及人类行为理解等一系列思维活动，属于方法论范畴。计算思维是每个人都应该具备的基本技能。

1.1.1　计算科学与思维基础

科学是已经系统化和公式化了的知识，是一个建立在可检验的解释以及对客观事物的形式、组织等进行预测的有序的知识系统。它是用自然语言与数学语言，以形式化的科学理论研究客观现象。

计算科学是描述和变换信息的算法过程，包括其理论、分析、设计、效率分析、实现和应用的系统研究。计算科学的最基本问题是能否对研究对象进行有效的自动计算，主要包括计算的平台与环境、计算过程的可行性操作与计算效率、计算的正确性等三个方面。

思维是人类所具有的高级认识活动。按照信息论的观点，思维是对新输入信息与脑内储存知识经验进行一系列复杂的心智操作过程。

思维最初是人脑借助于语言对客观事物的概括和间接的反应过程。思维以感知为基础又超越感知的界限。通常意义上的思维，涉及所有的认知或智力活动。它探索与发现事物的内部本质联系和规律性，是认识过程的高级阶段。思维对事物的间接反应，是指它通过其他媒介作用认识客观事物，借助已有的知识和经验及已知的条件推测未知的事物。思维的概括性表现在它对一类事物非本质属性的摒弃和对其共同本质特征的反映。

随着研究的深入，人们发现，除了逻辑思维之外，还有形象思维、直觉思维、顿悟等思维形式的存在。

思维的基本过程主要包括分析与综合、比较与分类、抽象与概括。

（1）分析与综合。这是最基本的思维活动，分析是指在头脑中把事物的整体分解为各个组成部分的过程，或者把整体中的个别特性、个别方面分解出来的过程；综合是指在头脑中把对象的各个组成部分联系起来，或把事物的个别特性、个别方面结合成整体的过程。分析和综合是相反而又紧密联系的思维过程中不可分割的两个方面。没有分析，人们则不能清楚地认识客观事物，各种对象就会变得笼统模糊；离开综合，人们则对客观事物的各个部分、个别特征等有机成分产生片面认识，无法从对象的有机组成因素中完整地认识事物。

（2）比较与分类。比较是在头脑中确定对象之间差异点和共同点的思维过程。分类是根据对象的共同点和差异点,把它们区分为不同类别的思维方式。比较是分类的基础,比较在认识客观事物中具有重要的意义。只有通过比较才能确认事物的主要和次要特征,以及共同点和不同点,进而把事物分门别类,揭示出事物之间的从属关系,使知识系统化。

(3) 抽象与概括。抽象是在分析、综合、比较的基础上,抽取同类事物共同的、本质的特征而舍弃非本质特征的思维过程。概括是把事物的共同点、本质特征综合起来的思维过程。抽象是形成概念的必要过程和前提。

科学思维,是指形成并运用于科学认识活动、对感性认识材料进行加工处理的方式与途径的理论体系。它是真理在认识的统一过程中,对各种科学的思维方法的有机整合,是人类实践活动的产物。

在科学认识活动中,科学思维必须遵守三个基本原则:在逻辑上要求严密的逻辑性,达到归纳和演绎的统一;在方法上要求辩证地分析和综合两种思维方法;在体系上,实现逻辑与历史的一致,达到理论与实践具体的历史的统一。

1.1.2 计算理论与计算模型

计算理论是关于计算和计算机械的数学理论,它研究计算的过程与功效。所谓计算,是指根据已知量算出未知量的过程,计算通常分以下两种类型:

(1) 数值类计算。许多计算领域的求解问题,如计算物理学、计算力学、计算化学和计算经济学等都可以归结为数值计算问题,而数值计算方法是一门与计算机应用紧密结合的、实用性很强的数学课程。数值计算过程为:将问题的已知数据用适当的数据结构表示,用程序进行数值计算,得到正确结果。

(2) 逻辑类计算。逻辑运算又称布尔运算,是用数学方法研究逻辑问题。逻辑类计算通常作为控制过程的执行者,如"条件"为真或假时,判断分别需要进行哪些操作。

人们通常把客观存在的事物及其运动形态统称为实体,模型则是对实体的特征及变化规律的一种表示或抽象。用实用计算科学的语言对某种事物系统的特征和数量关系建立起来的符号系统,就是计算模型。

广义上,凡是以相应的客观原型(即实体)作为背景加以抽象的计算概念、计算公式、计算理论等都称为计算模型。狭义上,反映特定问题或按特定事物系统建立的计算符号系统就叫作计算模型。在计算科学中所指的计算模型,通常是按狭义理解的,而且构造计算模型的目的仅在于解决具体的实际问题。

计算模型是为一定的目的对客观实际所做的抽象模拟,它用计算公式、计算符号、程序、图表等刻画客观事物的本质属性和内在联系,是对现实世界的抽象、简化而又本质的描述。它源于实践,却不是原型的简单复制,而是一种更高层次的抽象。它能够揭示特定事物的各种现实状态,或者预测它的将来形态,或者能为控制某一事物的发展提供最优化策略,最终目的是解决实际问题。

按照对实体的认识过程来分,计算模型可以分为描述性模型和解释性模型。描述性模型是从特殊到一般,从分析具体客观事物及其状态开始,最终得到一个计算模型。客观事物之间量的关系通过计算模型被概括在一个具体抽象的数学结构中。解释性模型是从一般到特殊,从一般的公理系统出发,借助于计算体系壳体,对公理系统给出解释。

计算模型的根本作用在于将客观原型进行抽象和简化,便于人们采用定量的方法去分析和解决问题。计算模型的建立简称建模,是构造刻画客观事物原型的计算模型并用以分析、研究和解决实际问题的一种科学方法,主要包括建模准备、建模假设、构造模型、模型求解、模型分析、模型检验和模型应用等步骤。

1.1.3　计算思维与问题求解

计算思维是与形式化问题及其解决方案相关的思维过程,其解决问题的表示形式应该能有效地被信息处理代理执行,选择合适的方式去陈述问题,对问题的相关方面进行建模并用最有效的办法实现问题求解。

通过计算机进行问题求解的步骤为:

(1) 从具体问题中抽象出一个适当的数学模型,寻求数学模型的实质是分析问题,从中抽象、归纳和推理,提取操作的对象,并发现可以用数学语言来描述的关系或规律,从而把这个实际问题转换成一个数学问题。

(2) 选择并确定合适的数据结构。数据结构是计算机存储、组织数据的方式,数据结构的选择是算法设计的一个基本考虑因素,会直接影响问题求解算法的选择和程序的执行效率,系统实现的难易和优劣都严重依赖于是否选择了最优的数据结构。算法的设计取决于数据的逻辑结构,而算法的实现依赖于数据采用的物理存储结构。好的数据结构可以给算法和程序带来更高的运行或者存储效率。常用的数据结构有数组、栈、队列、树等。

(3) 设计一个解此数学模型的算法并编写程序、进行测试、调整,直至问题得到最终解答。计算机程序主要涉及两部分内容,即数据的描述和数据的处理。其中,数据的描述是指各种变量的定义,也称数据结构描述;数据的处理是指对变量的操作,这些操作按解决问题的步骤要求有一定的先后顺序和规则,也称为求解算法。

1.2　计算机工作原理

一个完整的计算机系统是由硬件系统和软件系统两部分组成的。硬件系统是组成计算机系统的各种物理设备的总称,是计算机系统的物质基础,如 CPU、存储器、输入设备、输出设备等。硬件系统只能识别由 0、1 组成的机器代码,没有软件系统,计算机几乎是没有用的。软件系统是为运行、管理和维护计算机而编制的各种程序、数据和文档的总称。实际上,用户所面对的是经过若干层软件"包装"的计算机,计算机的功能不仅取决于硬件系统,而更大程度上是由所安装的软件系统所决定的。

1.2.1　计算机硬件系统

计算机硬件是指构成计算机的元件、器件、电子线路和物理装置等物理实体。从世界上的第一台通用计算机 ENIAC 诞生至今,计算机体系结构经历了重大的变革,性能也得到了很大的提高,但就其工作原理而言,一直沿用冯·诺依曼体系。与其他体系计算机相比,冯·诺依曼体系计算机只是由原始的以运算控制器为中心演变到现在的以存储系统为中心。冯·诺依曼体系计算机的工作方式,称为控制流驱动方式,即按照指令的执行序列,依次读取指令,根据指令所包含的控制信息调用数据进行处理。

计算机硬件系统从功能上可划分为五大部件,即运算器、控制器、存储器、输入设备和输出设备。通常将运算器和控制器两部分合称为中央处理器(CPU),又将 CPU 和主存储器(简称主存)合称为主机;将输入设备和输出设备统称为输入/输出设备(又称外部设备),这是因为外部设备存在于主机的外部。其结构如图 1-1 所示,图中实线为数据流,虚线为控制流。

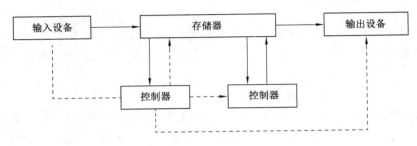

图 1-1　计算机逻辑结构图

控制器是计算机的指挥中心和控制中心,它使计算机中的各个部件自动协调地工作。它控制着指令从存储器中取出的顺序,对取出的指令,先完成指令功能的鉴别,然后产生控制信号并送往各个相应的部件,控制相应部件操作,使指令的功能得到实现。数据信息是加工处理的对象,它受控制信息的控制,从一个功能部件流向另一个功能部件,边流动边加工处理。

运算器的功能是在控制器的指挥下,对信息或数据进行运算。运算分为算术运算和逻辑运算两类。算术运算包括加、减、乘、除运算;逻辑运算包括基本的逻辑运算,即逻辑"与"运算、逻辑"或"运算、逻辑"非"运算以及逻辑"比较""移位""测试"等运算。

存储器的主要功能是在控制器的控制下按照指定的地址存入、取出程序和数据。程序是计算机执行的对象,是计算机工作的依据;数据是计算机运算处理的对象。程序和数据都以二进制形式存放在存储器中,它们统称为信息,因此,存储器是具有记忆功能的部件,对它的操作一般只有两种,即存信息和取信息,两种操作统称为访问存储器。存信息的操作称为写操作,取信息的操作称为读操作。

输入设备的主要功能是将外部信息输送到主机内部,输入信息的形式有数字、文字、字母、符号、图形、图像、声音等多种,但送入计算机内部的信息只能用二进制形式表示。

将计算机内部的信息反馈给人们的设备称为输出设备。计算机输出的信息只能是二进制形式的,不同的设备可相应地将计算机给出的信息转换成数字、文字、图形等不同形式的信息。输出设备的特点是将机器内部的信息形式转换成人们能识别的形式。

计算机硬件之间借助系统总线,实现传送地址、数据以及控制信息的操作。

1.2.2　计算机软件系统

计算机软件是指在计算机硬件上运行的各种程序及有关的文档资料,如操作系统、汇编程序、编译程序、诊断程序、数据库管理系统、专用软件包、各种维护使用手册、程序流程图和说明等,所有软件合称为计算机的软件系统。软件系统包含系统软件和应用软件两大类。

(1)系统软件,是指控制计算机的运行,管理计算机的各种资源,使系统资源得到合理调度和高效运行,并为应用软件提供支持和服务的一类软件。在系统软件的支持下,用户才能运行各种应用软件。系统软件通常包括操作系统、语言处理程序和各种实用程序。

（2）应用软件，是指利用计算机的软硬件资源为某一专门的应用而开发的软件。

1.3　数据与内存

数据是指可以被记录、被识别的各种符号，如语言、文字、数字、图像、声音等。因此在计算机中所说的数据是广义的。例如，用来表示事物数量的数字，用来表示各种事物的名称或代号的符号，用来表示事物抽象的性质、概念的文字等都是数据。数据可以是数值型数据，也可以是非数值型的数据，如西文字符、中文字符、声音、图像和活动影像等。

所有需要被计算机加工处理的数据，必须能在计算机内存储器中正确存储与表示。

1.3.1　二进制

计算机最基本的功能是对数据进行计算和加工处理，在计算机内存中，所有的数据都以二进制编码形式表示。

在采用进位计数的数字系统中，如果用 r 个基本符号（例如 $0,1,2,\cdots,r-1$）表示数值，则称其为基 r 数制，r 称为该数制的"基数"，而数制中每一固定位置对应的单位值称为"权"。

如十进制，有 10 个基本符号（$0,1,2,\cdots,9$），基数等于 10，权值等于 10^i。如下列十进制数：

$$923.52 = 9 \times 10^2 + 2 \times 10^1 + 3 \times 10^0 + 5 \times 10^{-1} + 2 \times 10^{-2}$$

二进制，有 2 个基本符号（0,1），基数等于 2，权值等于 2^i。如下列二进制数：

$(101101.101)_2 = 1 \times 2^5 + 0 \times 2^4 + 1 \times 2^3 + 1 \times 2^2 + 0 \times 2^1 + 1 \times 2^0 + 1 \times 2^{-1} + 0 \times 2^{-2} + 1 \times 2^{-3} = (45.625)_{10}$

计算机不仅可以处理数值数据，也可以处理各种非数值字符数据。对计算机而言，只能以数字来代表字符。为了使计算机使用的数据能够共享和传递，必须对字符进行统一的二进制编码。基本 ASCII 码是 8 位二进制编码，包括 10 个阿拉伯数字，52 个大、小写英文字母，32 个标点符号和 34 个控制码（NUL～SP 及 DEL），总共 128 个常用的字符。

如：字母"A"的 ASCII 码值是 01000001，对应的十进制数是 65。

1.3.2　内存与内存地址

内存是计算机中重要的部件之一，计算机中所有程序的运行都是在内存中进行的，CPU 中的运算数据以及与外部设备交换的数据都暂时存放于内存之中。计算机在运行时，CPU 就会把需要运算的数据调到内存中进行运算，当运算完成后，再将结果从内存传送出来。

计算机内存由大量存储单元组成，每个存储单元存储数据的最小单位为字节，每个字节有 8 位二进制位，不同类型的数据所占用的字节数不同，其数据的表示范围和有效位数也有很大不同。如字符型数据占 1 个字节，表示 0 至 127 所对应的符号；整型数据 int 占用连续的 4 个字节，计算机一次读写就是 4 个字节，其数值表示范围为 -2^{31} 至 $2^{31}-1$。

为了便于找到存储单元，完成数据的读写操作，计算机为每一个存储单元进行编号，这个编号就是地址。

1.3.2　数据结构

数据结构是计算机存储、组织数据的方式。数据结构是指相互之间存在一种或多种特定关系的数据元素的集合。

数据结构具体指同一类数据元素中,各元素之间的相互关系,包括三个组成成分,即数据的逻辑结构、数据的存储结构和数据结构的运算。

(1) 数据的逻辑结构:指反映数据元素之间的逻辑关系的数据结构,其中的逻辑关系是指数据元素之间的前后关系,而与它们在计算机中的存储位置无关。逻辑结构包括集合结构、线性结构、树形结构、图形结构。

(2) 数据的存储结构(物理结构):指数据的逻辑结构在计算机存储空间的存放形式。即数据结构在计算机存储器中的具体实现,是逻辑结构的表示,它包括数据元素的机内表示和关系的机内表示。由于具体实现的方法有顺序、链接、索引、散列等多种,所以,一种数据结构可表示成一种或多种存储结构。

(3) 数据结构的运算一般包括结构的生成、结构的销毁、在结构中查找元素、在结构中插入元素、从结构中删除元素及结构遍历等操作。

1.4　计算机处理数据的过程

计算机处理数据的过程,即控制器依据程序指令,控制计算机其他部件,完成内存空间申请、数据输入、计算、结果输出等操作。

计算机的大体工作过程可描述如下:

(1) 人们通过输入设备将解题的程序和数据送入主存,然后形成目标程序。

(2) 控制器根据程序中指令的序列从主存中逐条取出指令,并控制实现指令功能。

(3) 在指令功能实现过程中,由运算器完成对数据的运算处理。

(4) 将运算结果送入主存。

(5) 通过输出设备将程序运算的结果进行反馈。

1.5　算法

在问题求解时,从具体问题中抽象出一个适当的数学模型,选择并确定合适的数据结构后,设计一个解此数学模型的算法并编写程序且进行测试、调整,直至问题得到最终解答。

1.5.1　算法定义

算法是指解题方案准确而完整的描述,是一系列解决问题的清晰指令,指令描述的是一个计算,当其运行时能从一个初始状态和(可能为空的)初始输入开始,经过一系列有限而清晰定义的状态,最终产生输出并停止于一个终态。算法代表着用系统的方法描述解决问题的策略机制,能够对一定规范的输入在有限时间内获得所要求的输出。

如果一个算法有缺陷,或不适合于某个问题,执行这个算法将不会解决这个问题。不同的算法可能用不同的时间、空间或效率来完成同样的任务。一个算法的优劣可以用空间复杂度与时间复杂度来衡量。

1.5.2　算法评价

同一个问题可以有不同的解决方法,而选择合适算法和改进算法可提高算法乃至程序的效率。在选择算法、评价算法时,通常考虑以下方法:

(1) 时间复杂度。算法的时间复杂度是指执行算法所需要的计算工作量,问题的规模越大算法优劣表现越明显。

(2) 空间复杂度。算法的空间复杂度是指算法需要消耗的内存空间。

(3) 正确性。算法的正确性是评价一个算法优劣的最重要的标准。

(4) 可读性。算法的可读性是指一个算法可供人们阅读的容易程度。

(5) 健壮性。健壮性是指一个算法对不合理数据输入的反应能力和处理能力,也称为容错性。

1.5.3　算法描述

描述算法的方法有多种,常用的有自然语言、结构化流程图、伪代码和程序设计语言等。

1.5.3.1　自然语言描述算法

用自然语言描述算法通俗易懂,当算法中的操作步骤都是顺序执行时,用自然语言描述比较直观、容易理解。但不适用于算法中包含了判断结构和循环结构且操作步骤较多的情况,另外,有一定的歧义性,描述比较冗长。

1.5.3.2　流程图

流程图,也称流程框图,是以特定的图形符号说明、表示算法的图。流程图中使用的主要特定图形符号如图 1-2 所示。

图形符号	名称	含义
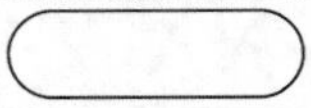	起止框	程序的开始或结束
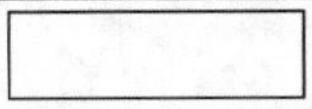	处理框	数据的各种处理和运算操作
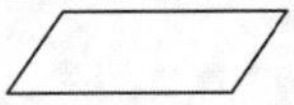	输入/输出框	数据的输入和输出
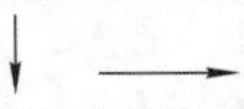 ↓　→	流程线	程序的执行方向
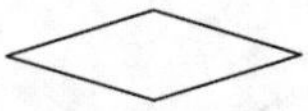	判断框	根据条件的不同,选择不同的操作

图 1-2　流程图主要图形符号

1.5.3.3　NS 结构化流程图

NS 结构化流程图对传统流程图做了改进,如图 1-3 所示,省去了流程线,具有简洁、可读性好、易于修改、占用篇幅小等优点。

1.5.3.4　伪代码

伪代码是介于程序代码和自然语言之间的一种算法描述方法,是用在更简洁的自然语

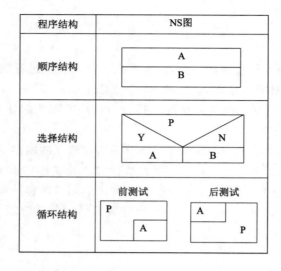

图 1-3 NS 结构化流程图的三种程序结构

言算法描述中,用程序设计语言的流程控制结构来表示处理步骤的执行流程和方式,用自然语言和各种符号来表示所进行的各种处理及所涉及的数据。这样描述的算法书写比较紧凑、自由,也比较好理解,同时也更有利于算法的编程实现。

1.5.3.5 程序设计语言

程序设计语言是算法的最终描述形式,算法最终都要通过程序设计语言描述出来并在计算机上执行。

对问题"计算 100 以内的偶数之和"求解的描述如下。

(1)用自然语言描述如下:

① 设累加和 s＝0;

② 设累加项 i＝1;

③ 判断 i 是否是偶数,是则将 i 加入 s;

④ 将 i 的值加 1;

⑤ 判断 i 是否小于等于 100,是转到③,否则结束。

(2)用伪代码描述如下:

```
s＝0
i＝1
do{
if(i 是偶数){
s＝s＋i
}
i＝i＋1
}while(i＜＝100)
```

(3)用 NS 结构图描述,如图 1-4 所示。

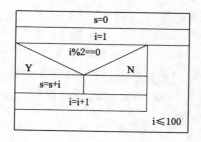

图 1-4 NS 结构图

（4）用 C 语言程序描述如下：

```
s=0;
i=1;
do{
if(i%2==0){
s=s+i;
}
i=i+1;
}while(i<=100);
```

（5）用流程图描述，如图 1-5 所示。

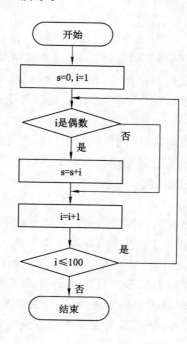

图 1-5 流程图

上述算法仅仅是问题求解算法中的一种，并不是最优的。

1.6　程序设计

程序设计是给出解决特定问题程序的过程，是软件构造活动的重要组成部分。程序设计往往以某种程序设计语言为工具，得出该语言的程序。程序设计过程应当包括分析、设计、编码、测试、排错等不同阶段。

1.6.1　基本步骤

程序设计的过程通常由下列步骤组成。

（1）分析问题。对于接受的任务要进行认真的分析，研究所给定的条件，分析最后应达到的目标，找出解决问题的规律，选择解题的方法，完成实际问题。

（2）设计算法。即设计出解题的方法和具体步骤。

（3）编写代码。将算法翻译成计算机程序设计语言，对源程序进行编辑、编译和链接。

（4）运行程序，分析结果。运行可执行程序，得到运行结果。能得到运行结果并不意味着程序正确，要对结果进行分析，看它是否合理。不合理要对程序进行调试，即通过上机发现并排除程序中的故障的过程。

（5）编写程序文档。在将程序等软件产品提交给用户使用时，必须向用户提供程序相关的文档资料，文档资料一般由程序名称、程序功能、运行环境、程序的装入和启动、需要输入的数据，以及使用注意事项等部分组成。

1.6.2　结构化程序设计

结构化程序设计的主要观点是采用自顶向下、逐步求精及模块化的程序设计方法，使用三种基本控制结构构造程序，任何程序都可由顺序、选择、循环三种基本控制结构构造。

（1）自顶向下，是指从问题的全局下手，把一个复杂的任务分解成许多易于控制和处理的子任务，子任务还可以做进一步分解，如此重复，直到每个子任务都容易解决为止。

（2）逐步求精，是指对复杂问题，应设计一些子目标作为过渡，逐步细化。

（3）模块化，是指解决一个复杂问题是自顶向下逐层把软件系统划分成一个个较小的、相对独立但又相互关联的模块的过程。

三种基本控制结构：

（1）如图 1-6 所示，顺序结构表示程序中的各操作是按照它们出现的先后顺序执行的。

（2）如图 1-7 所示，选择结构表示程序的处理步骤出现了分支，它需要根据某一特定的条件选择其中的一个分支执行。选择结构有单选择、双选择和多选择三种形式。

（3）如图 1-8 所示，循环结构表示程序反复执行某个或某些操作，直到某条件为假（或为真）时才可终止循环。在循环结构中最主要的是：什么情况下执行循环？哪些操作需要循环执行？循环结构的基本形式有两种，即当型循环和直到型循环。每种循环又分为循环条件的前测试与后测试两种。

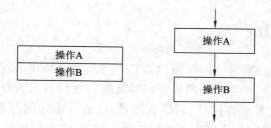

图 1-6 顺序结构

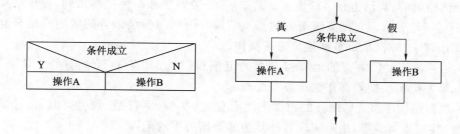

图 1-7 选择结构

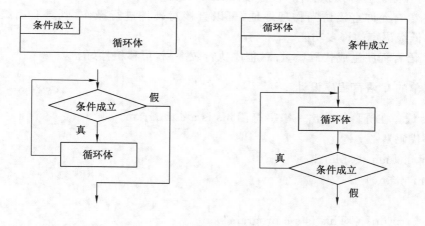

图 1-8 循环结构

1.6.3 面向对象程序设计

面向对象程序设计就是基于对象概念,以对象为中心,以类和继承为构造机制,来认识、理解、刻画客观世界和设计、构建相应的软件系统。

对象是由数据和操作组成的封装体,与客观实体有直接对应关系,不仅能表示具体的事物,还能表示抽象的规则、计划或事件。一个对象类定义了具有相似性质的一组对象。而类的继承性是对具有层次关系的类的属性和操作进行共享的一种方式。

1.7 C 语言简介

C 语言是一门面向过程的计算机编程语言。与其他高级语言相比,C 语言编译方式简易、能处理低级存储器、仅产生少量的机器码以及不需要任何运行环境支持,是目前高级语言中代码质量最高的编程语言;与汇编语言相比,C 语言描述问题迅速,工作量小,可读性好,易于调试、修改和移植,而代码质量与汇编语言相当,可以用来编写系统软件。

1.7.1 C 语言的特点

(1)简洁紧凑、灵活方便。C 语言一共有 32 个关键字和 9 种控制语句,程序书写自由,主要用小写字母表示。它把高级语言的基本结构和语句与低级语言的实用性结合起来,可以像汇编语言一样对位、字节和地址进行操作。

(2)运算丰富。C 语言的运算符包含的范围很广泛,共有 34 个运算符。C 语言把括号、赋值、强制类型转换等都作为运算符处理。

(3)数据结构丰富。C 语言的数据类型有整型、实型、字符型、数组类型、指针类型、结构体类型、共用体类型等,用来实现各种复杂的数据类型的运算。

(4)C 语言是结构式语言,代码及数据是分隔化的,即程序的各个部分除了必要的信息交流外彼此独立。程序层次清晰,便于使用、维护以及调试。

(5)C 语言允许直接访问物理地址,可以直接对硬件进行操作,既具有高级语言的功能,又具有低级语言的许多功能。

(6)C 语言程序生成代码质量高,程序执行效率高,可移植性好。

1.7.2 简单的 C 语言程序设计

【例 1.1】 在屏幕上输出一串字符:This is a c program。
【程序代码】
```
#include <stdio.h>
int main()
{
    printf("This is a c program");
    return 0;
}
```
【运行结果】
This is a c program
上例 C 语言程序完成的功能是仅向屏幕输出一串字符,没有复杂的数据计算。
【例 1.2】 从键盘输入两个整数(比如 10 和 30),求两数之和并显示在屏幕上。
【程序代码】
```
#include <stdio.h>
int main()
{
```

```
        int a,b,sum;
        scanf("%d %d",&a,&b);
        sum=a+b;
        printf("sum=%d\n",sum);
        return 0;
    }
```

【运行结果】

运行时,在屏幕光标显示处用键盘输入 10、空格、30,按回车键,屏幕显示:

　　sum=40

上例 C 程序完成的功能是由一个 main() 函数实现求两数之和。

【例 1.3】　从键盘输入两个整数(比如 10 和 30),求两数之和并显示在屏幕上,由两个函数实现上述功能。

【程序代码】

```
    #include <stdio.h>
    int sum1(int x,int y)      /* 函数功能:求两个整数之和 */
    {
        int z;
        z=x+y;
        return z;
    }
    int main()       /* 主函数功能:原始数据键盘输入,计算结果屏幕显示 */
    {
        int a,b,s;
        scanf("%d %d",&a,&b);
        s= sum1(a,b);
        printf("s=%f\n",s);
        return 0;
    }
```

【运行结果】

运行时,在屏幕光标显示处用键盘输入 10、空格、30,按回车键,屏幕显示:

　　s=40

上例 C 语言程序为实现两整数之和,main() 函数实现数据的输入和结果的输出,而 sum1() 函数实现求和操作。

1.7.3　C 语言程序的结构

由以上实例可以看出 C 语言程序的基本结构有:

(1) C 语言程序是由函数构成的,函数是 C 语言程序的基本单位。

(2) 一个函数由两部分组成。

① 函数头:函数的第一行;

② 函数体:函数头下面用大括弧括起来的部分。

(3) 函数体由语句构成,语句以分号结束。

(4) 一个 C 语言程序可以由一个或多个函数组成,但必须有一个且只能有一个 main() 函数,即主函数。一个 C 语言程序总是从 main() 函数开始执行的,而不论 main() 函数在整个程序中的位置。

(5) 每行通常写一条语句。有些短语句也可以一行写多条,长语句也可以一条写成多行。

(6) 在程序中尽量使用注释信息,增强程序的可读性。注释信息是用注释符标识的,注释符开头用/ * ,结束用 * /,其间的字符为注释信息。

1.7.4　C 语言程序的设计过程

从问题求解的步骤可以知道 C 语言程序设计需要以下步骤(以"求一个圆的面积"为例):

(1) 从具体问题中抽象出一个适当的数学模型,如求圆的面积有公式:$s = \pi \times r^2$;

(2) 选择并确定合适的数据结构,半径 r 可以是整数,也可以是实数,但面积值 s 通常都用实数表示;

(3) 设计一个解此数学模型的算法,由于问题比较简单,所以可用一个 main() 函数,采用顺序结构方式解决此问题,半径值从键盘输入,结果在屏幕显示;

(4) 编写程序:

```
#include <stdio.h>
#define PI 3.14
int main()
{
    float r,s;
    scanf("%f",&r);
    s=PI*r*r;
    printf("s=%d\n",s);
    return 0;
}
```

(5) 最后,进行测试、调整,直至问题得到最终解答。

1.7.5　C 语言程序设计的环境

用于 C 语言开发的工具有许多种,目前比较常用的有 Microsoft Visual Studio 6.0 和 Microsoft Visual Studio 2010。

1.7.5.1　Microsoft Visual Studio 6.0

(1) 启动 VC++。

单击[开始]菜单,选择[程序][Microsoft Visual Studio 6.0][Microsoft Visual C++6.0]。

(2) 创建 C++程序环境。

① 在"文件(file)"菜单下选择"新建(New)"命令,打开新建项目界面,如图 1-9 所示。

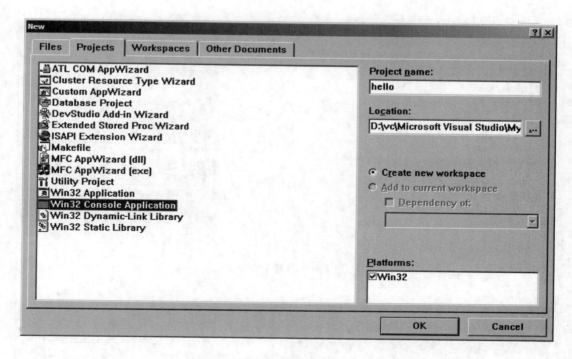

图 1-9　新建项目界面

② 在"工程(Projects)"选项卡中指定下列选项：

选中 Win32 Console Application(工程类型)。

在"工程名(Project Name)"栏中输入工程名称，如输入：Hello。

单击"位置(Location)"栏后的▣，可指定应用程序存放的位置(或默认)。

选中 ⊙ B 创建新工作区 (Create new workspace)(默认)。

在 P 平台 (Platforms)中，选中 Win32(默认)。

设置完成后，单击"确定(OK)"按钮，打开 AppWizard 对话框。

③ 在应用向导(AppWizard)对话框中，选中 An empty project。然后单击"完成(Finish)"按钮，显示"新建工程信息(New project information)"对话框，内容如下：

  Empty consoleapplication.

  No files will be created or add to the project.

单击"确定(OK)"按钮，则系统自动创建了一个 Hello 类。

④ 源程序编写。点击"文件(Files)"菜单中"新建(New)"命令，则弹出如图 1-10 所示的"新建"界面。

在弹出的"新建(New)"窗口的"文件(File)"对话框中，选中"C++ Source File"，在"文件(File)"栏中输入新建的 C++源文件名，如 Hello，确认添加工程检查框被选中(默认)，然后单击"确定(Finish)"按钮，建立一个空的 Hello. cpp 文件。

（3）编辑源程序。在图 1-11 所示的程序编辑界面中输入程序，编辑好的程序称为源程序，C++源程序的扩展名为. cpp。

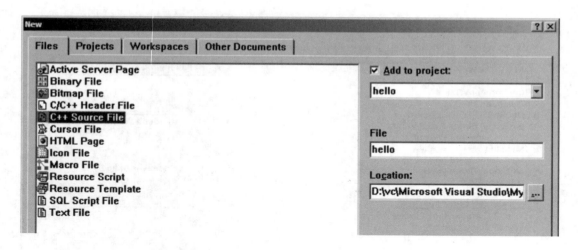

图 1-10　新建文件界面

图 1-11　程序编辑界面

（4）程序编译。选择编译工具栏中的编译按钮进行编译，编译信息显示在输出窗口中。如有错误，则必须经修改源程序再重新编译，否则无法进行下一步。

（5）连接程序。选择编译工具栏中的"构建"按钮进行连接。如有错误，则必须修改源程序再重新编译和连接。

（6）运行程序。或选择编译工具栏中的"执行"按钮。

1.7.5.2　Microsoft Visual Studio 2010

（1）启动，如图 1-12 所示，单击［开始］菜单，选择［程序］［Microsoft Visual Studio 2010］［Microsoft Visual Studio 2010］；

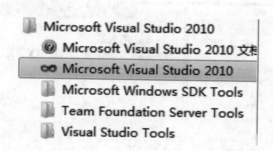

图 1-12　启动 Microsoft Visual Studio 2010

（2）创建项目，菜单栏中选择"文件→新建→项目"，如图 1-13 所示。

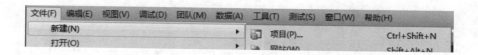

图 1-13　新建项目

选择"Win32 控制台应用程序"，填写好项目名称，选择好存储路径，点击"确定"按钮，如图 1-14 所示。

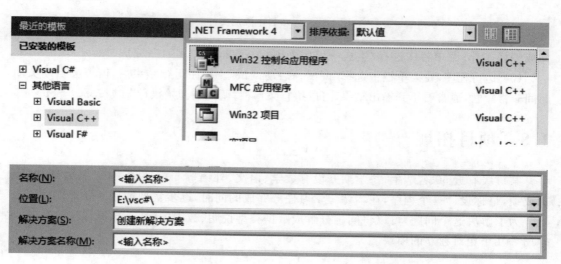

图 1-14　选择项目类型及确定位置和名称

在向导中，取消"预编译头"，勾选"空项目"，然后点击"完成"按钮就创建了一个新的项目。

（3）添加源文件，在"源文件"处右击鼠标，在弹出的菜单中选择"添加→新建项"选择"C＋＋文件"，填写名称，点击"添加"按钮，如图 1-15 所示。

（4）编写代码并生成程序，录入程序代码后，在菜单栏中点击"生成"中的"编译"按钮，

图 1-15　向项目中添加文件

完成编译工作；菜单栏中选择"生成→仅用于项目→仅链接×××"，完成链接工作。

（5）运行程序，在菜单栏中选择"调试→启动调试"。程序运行结束后，窗口会自动关闭，时间非常短暂，通常看不到输出结果，可以执行菜单栏"调试→开始执行"，或按 Ctrl＋F5。

1.8　项目拓展

某班级有近 50 名学生，每学期开设有数学、语文、外语等 5 门课程，为了高效管理班级的成绩，请你设计一个程序，在本课程学习任务完成的同时，逐步实现项目的要求。

为了解决这个问题，可以将问题分解成数据类型说明、数据的输入、数据统计计算、结果输出等几个相对独立的模块。

练 习 题

1.1　计算思维的主要内容是什么？

1.2　计算机硬件由哪几个部分组成？程序设计与它们是什么关系？

1.3　用计算机解决问题分几个步骤？

1.4　比较几种算法描述方法，分析其优缺点。

1.5　熟悉一种 C 语言程序开发工具。

第 2 章　数 据 类 型

2.1　概述

依据计算思维,利用计算机进行问题求解,需要对问题做抽象化描述处理,即选择并确定合适的数据结构是程序设计初期必须完成的工作,这部分工作对后期的数据处理起到关键的作用,既可以使程序设计过程变得简捷,又可以提高程序设计效率,但也可能会使程序运行的结果出错。

确定数据结构,需确定解决问题所使用的原始数据、计算过程中的临时结果、最终结果和程序控制所使用的数据的类型、精度、表示范围,而这些数据都必须在计算机内存中进行存取操作。

2.2　标识符和关键字

为了方便程序代码的书写,在程序设计时可以对存储数据的内存单元命名,可以为某一在程序运行中保持不变的值用某符号命名,也可以为方便程序调试的某一段程序代码命名。

C 语言中的标识符有三类:

(1) 关键字:不可以作为用户标识符号。

(2) 预定义标识符:C 语言中系统预先定义的标识符,如 main、printf、NULL 等系统类库名、系统常量名、系统函数名。

(3) 用户标识符:用户根据需要自己定义的标识符,一般用来给变量、函数、数组等命名。

2.2.1　标识符构成

C 语言中的标识符的构成规则如下:

(1) 标识符由 26 个英文字符大小写(a~z,A~Z)、数字(0~9)和下划线组成。

(2) 不能以数字开头,不能用关键字作标识符。

(3) 严格区分大小写。

(4) C 语言中标识符的长度(字符个数)没有统一规定,多数系统中允许达到 32 个字符,多于规定长度的字符无效。

为了提高程序的可读性,在构成标识符时应该做到"见名知义",如表示"姓名"数据可以用 name、xm、xingming 等。

2.2.2 关键字

C 语言内部预先定义的标识符称为关键字,关键字不能作为用户标识符,ANSI 标准中规定下面 32 个符号为基本关键字:

auto	break	case	char	continue	const
default	do	double	else	extern	enum
float	for	goto	if	int	long
register	return	typedef	short	void	volatile
sizeof	static	struct	switch	union	signed
unsigned	while				

2.3 基本数据类型

基本数据类型是程序语言内部预先定义的数据类型,也是实际中最常用的数据类型,如字符型、整型、单精度实型和双精度实型等,对应的类型标识符(又称类型说明符)分别为 char、int、float、double。

2.3.1 整数类型

为满足解决不同问题的需求,C 语言提供了多种整数类型数据,如基本整型、短整型、长整型,此外又分为有符号整型和无符号整型,设计程序时使用不同的编译器,基本整型占用的字节数不同,则数据表示的范围也不同。

ANSI 标准定义 int 占 2 个字节,其数据表示范围为 $-2^{15} \sim 2^{15} - 1$($-32\,768 \sim 32\,767$);在 VC 里,一个 int 占 4 个字节,其数据表示范围为 $-2^{31} \sim 2^{31} - 1$($-2\,147\,483\,648 \sim 2\,147\,483\,647$)。

2.3.2 实数类型

实型数据又称实数或浮点数,指带有小数部分的非整数数值,比如像 356.12 和 3.4×10^6 这类数据。它们在计算机内部也是以二进制的形式存储和表示的,虽然在程序中一个实数可以用小数形式表示,也可以用指数形式表示,但在内存中实数一律都是以指数形式来存放的,而且不论数值大小,都把一个实型数据分为小数和指数两个部分,其中小数部分的位数愈多,数的有效位愈多,数的精度就愈高,指数部分的位数愈多,数的表示范围就愈大。

C 语言提供了两种表示实数的类型,即单精度型和双精度型,类型标识符分别为 float 和 double。在一般的计算机系统中,float 型在计算机内存中占据 4 字节的存储空间,double 型占据 8 个字节的存储空间。单精度实数(float 类型)的数值范围在 $-10^{38} \sim 10^{38}$ 之间,并提供 7 位有效数字位;绝对值小于 10^{-38} 的数被处理成零值。双精度实数(double 类型)的数值范围在 $-10^{308} \sim 10^{308}$ 之间,并提供 $15 \sim 16$ 位有效数字位,具体精确到多少位与机器有关;绝对值小于 10^{-308} 的数被处理成零值。因此,double 型的数据要比 float 型数据精确得多。

2.3.3　字符类型

字符类型的标识符为 char,字符型数据包括两种:单个字符和字符串,例如′a′是字符,而″abc″是字符串。在计算机中字符是以 ASCII 码的形式存储的,一个字符占 1 个字节的存储空间。如字符′A′的 ASCII 码用二进制表示是 01000001,对应的十进制数值为 65;而字符′B′的 ASCII 码用二进制数表示是 01000010,对应的十进制数值为 66。

2.3.4　逻辑类型

C 语言中没有逻辑类型,通常逻辑类型用 int 类型代替。逻辑值用 0 和非 0 表示:0 表示逻辑真,非 0 表示逻辑假;反之,逻辑真用整数 1 表示,逻辑假用整数 0 表示。

2.4　常量

在程序执行过程中,其值不能被改变的量称为常量,如欲处理的原始数据和计算公式中的数值常数,都属于常量。C 语言提供的常量有整型常量、实型常量、字符常量、字符串常量和符号常量。

2.4.1　整型常量

整型常量即整数,有三种表示形式:

（1）十进制整数:如正整数 12、负整数 -46 和 0。

（2）八进制整数:以数字"0"开头,后面是由 0 到 7 这 8 个数字组成的数字串。如 010、024 分别表示十进制数 8 和 20,负数的表示在前面加负号即可,如 -010。

（3）十六进制整数:以数字"0"和字母"x"开头,后面是由数字 0 到 9 和字母 A 到 F(字母不区分大小写)组成。如 0x12、0x1AB0 分别表示十进制数 18 和 6 832。负数的表示在前面加负号即可。C 语言不支持二进制形式。

2.4.2　实型常量

实型常量即实数,有两种表示方法:

（1）小数形式。由数字和小数点组成,如 0.25、-123.0、0.5、-12.50。注意,当小数部分为零时小数点不能省略,即 1 和 1.0 是两个不同的数据。

（2）指数形式。如 1.75e4 表示 1.75×10^4,-2.25e-3 表示 -2.25×10^{-3}。其中,字母 e 可以用大写,字母 e 前面必须有数字,字母 e 后面必须是整数。

小数形式直观易读,指数形式更适合表示绝对值较大或更小的数值,如 1.75e12 和 1.75e-6。无论程序中使用哪种表示形式,在计算机内部实型数据都是以浮点形式存储的。

通常系统默认小数为双精度实数,若表示为单精度实数,需在小数后加字符"f",如 3.14 为双精度数,而 3.14f 为单精度数。

2.4.3　字符常量

字符常量是用一对单撇字符(西文中的单引号)括起来的一个字符,如′a′′?′′5′。需要说明一下,在 C 语言中一个字符只占一个字节的内存,一般情况下一个汉字占用两个字节存储空间,因此一个汉字不能按一个字符处理,应该按字符串处理,′汉′是非法的字符常数。

另外,在 C 语言中还有一些字符控制符号,不可视或无法通过键盘输入,如退格符、回车符等,解决的办法是由一个反斜杠"\"后跟规定字符构成,常用转义字符的含义见表 2-1。程序编译过程中转义字符是作为一个字符处理的,存储时占用 1 个字节。

表 2-1　转义字符及其含义

字符形式	含义
\n	换行,将当前位置移到下一行开头
\t	水平制表(跳到下一个 tab 位置)
\0	空字符
\\	反斜杠字符\
\'	单引号字符(撇号)
\"	双引号字符

2.4.4　字符串常量

字符串常量简称字符串,是用一对双撇号字符(西文双引号)括起来的一串字符,字符的个数称为字符串的长度。如″This is a Computer″″a″″C 程序″都是字符串常量。在字符串结尾,计算机自动加上字符′\0′,表示该字符串的结束。因此,字符串常量的存储单元要比实际的字符串的个数多一个。如″a″占两个字节;″This is a Computer″字符数为 18,但占 19 个字节;字符个数为 0 的空串″″,实际上也存了一个字符′\0′。由于字符′\0′的 ASCII 值为 0,因此可作为检查字符串是否结束的标志。因此尽管′a′与″a″都含有一个字符,但在 C 语言程序中单撇号与双撇号不能混用,它们具有不同的含义。

2.4.5　逻辑常量

逻辑值用 0 和非 0 表示,其中,0 表示逻辑真,非 0 值表示逻辑假。

2.4.6　符号常量

在 C 语言程序中,可对常量进行命名,即用符号代替常量,该符号叫符号常量。符号常量一般用大写字母表示,以便与其他标识相区别。符号常量要先定义后使用,定义的方法有两种。

(1) 使用编译预处理命令 define,如:
　　#define NUM 0
　　#define PI 3.14159
(2) 使用常量说明符 const,如:

```
const float pi＝3.14159
```

符号常量一旦定义,就可在程序中代替常量使用,增强了程序的可读性和程序的可维护性。

2.5　变量

变量是一块计算机内存空间,用于存储程序运行所需的原始数据、中间结果和最终结果。由于在程序运行过程中,在不同的时刻可以将不同的数据存入其中,因为其存储的数据可以改变,所以称其为变量。

程序中用到的所有变量都必须有一个标识符,在内存中占据一定的存储单元,在该存储单元中存放变量的值。变量具有保持值的性质,但是当给变量赋新值时,新值会取代旧值,这就是变量的值发生变化的原因。

2.5.1　变量声明

在程序中使用变量必须先定义(向操作系统申请内存空间的使用权),定义一个变量就是要确定变量的名称(标识符)与数据类型,变量的类型决定了存储数据的格式与占用内存字节大小,变量的名称由用户定义,它必须符合标识符的命名规则。

变量定义后通过变量名字读写变量地址中的数据。

简单变量定义的方法是在类型标识符后跟一个变量或变量表,变量之间用逗号隔开,然后以分号结尾。下面是一些定义变量的例子:

```
int a,b,c;   /＊定义了 3 个整型变量,中间用逗号隔开 ＊/
float x;     /＊定义了单精度实型变量 x ＊/
double c;    /＊定义了双精度实型变量 c ＊/
char ch;     /＊定义了字符型变量 ch ＊/
```

2.5.2　变量初始化

变量定义只是指定了变量名字和数据类型,并没有给它们赋初值,在变量的定义同时给变量赋初值称为变量的初始化。例如:

```
int a＝625,b＝－325;    /＊定义 a 和 b 两个整型变量,初始值分别为 625 和－325 ＊/
float x＝3.15;          /＊定义实型变量 x,初始值为 3.15 ＊/
int x,y＝0;             /＊只给一个变量 y 设置初始值 ＊/
char ch＝'a';           /＊定义了字符型变量 ch,其值为字符 a ＊/
```

值得注意的是,没有赋初值的变量并不意味着该变量中没有数值,而只表明该变量中没有确定的值,于是引用这样的变量就可能产生莫名其妙的结果,有可能会导致运算错误。

2.5.3　变量赋值

变量的初始化可以为变量赋初值,也可以在定义变量后,为其赋值。例如:

```
int a,b;a＝625,b＝－325;   /＊定义 a 和 b 两个整型变量,分别赋值为 625 和－325 ＊/
float x;x＝3.15;           /＊定义实型变量 x,赋值为 3.15 ＊/
```

```
int x,y; y=0;          /* 定义 x 和 y 两个整型变量,为 y 赋值 0 */
char ch; ch='a';       /* 定义了字符型变量 ch,并赋值为字符 a */
```

2.5.4 变量读写

程序在运行期间,向内存单元(变量)中存储原始数据、中间临时结果和最终结果,处理这些数据时,需将数据从内存单元中取出来参与运算或显示输出,向变量存入数据的操作称为"写",从变量中取出数据的操作称为"读"。

"写"操作一般有赋值、键盘输入和参数传递等,一旦发生"写"操作,变量内的值就会发生改变。如:

```
int a=1;       /* 定义变量 a,赋初值为 1,此时 a 存储数据为 1 */
a=2;           /* 为 a 赋值为 2,a 存储数据变为 2 */
```

"读"操作将作为计算公式(表达式)的一部分或以结果输出,"读"操作不会改变变量内的值。如:

```
int a=1,b=1;    /* 定义变量 a 和 b,并赋初值为 1,此时 a 和 b 中数据均为 1 */
b=a+2;          /* 读出 a 的值,加 2 后将结果赋值给 b,b 数据变为 3,a 数据不变 */
```

2.6 案例分析

【案例 2.1】 解数学中的相遇问题。

有数学问题"A、B 两地相距 100 千米,客车和货车同时从 A、B 两地相向开出,客车每小时行 60 千米,货车每小时行 80 千米。经过多长时间两车相遇?",请设计解决此问题的算法并描述,为解决此问题定义变量,并对其初始化或赋值。

【问题分析】

该问题属于数学中的相遇问题,将距离抽象为线段,将两车抽象为线段上的点,则有公式:距离=速度×时间。

自然语言描述算法:

(1)确定距离 s;

(2)计算两车速度之和 u=u1+u2;

(3)计算时间 t=s/u。

已知距离 100,两车的速度分别为 60 和 80,相向对开则整体速度为两车速度之和。

需要定义变量有 s 距离,u1 客车速度,u2 货车速度,u 两车总速度,t 相遇时间。

```
int s=100,u1=60,u2=80,u;
double t;
u=u1+u2;
t=s/u;
```

因为,求时间 t 需要用到除法运算,极有可能是实数,所以定义其数据类型是 double。

2.7 项目拓展

学生的成绩管理中,需对学生的信息预先定义,其中包括:

学号(xh),可用整数或字符串表示,int xh;或 char xh[6];

姓名(xm),用字符串表示,char xh[20];

成绩 1(cj1),用整数表示,int cj1;

成绩 2(cj2),用整数表示,int cj2;

成绩 3(cj3),用整数表示,int cj3;

成绩 4(cj4),用整数表示,int cj4;

成绩 5(cj5),用整数表示,int cj5;

总分(zf),用整数表示,int zf。

```
#include<stdio. h>
int main()
{
    int xh;
    char xm[20];
    int cj1,cj2,cj3,cj4,cj5,zf;
    return 0;
}
```

练 习 题

2.1 记录一名学生的基本情况,包括姓名、性别、出生年份、入学成绩,请设计合理的数据类型描述每个学生。

2.2 某超市需要统计每一笔交易,请设计交易记录的内容与所使用的数据类型。

2.3 深入理解常量、变量的含义。

第 3 章　基本运算与顺序结构

3.1　概述

在完成问题描述的基础上，使用算法对问题的原始数据进行处理，从而获得所期望的效果，即算法是解决问题的方法和步骤。算法的实现过程是由一系列操作组成的，这些操作之间的执行次序就是程序的控制结构，如果程序中的各个操作是按照它们出现的先后顺序执行的，那么称此结构为顺序结构。

顺序结构是程序设计三种基本结构中最简单的一种。

不论程序是简单还是复杂，计算机程序对数据处理的过程通常都可分成四个部分，即数据定义、数据输入、数据运算和数据输出。计算机预先在内存中申请存储空间，然后通过输入操作接收数据并存入内存，接着对从内存中取出的数据进行加工处理，将中间结果和最终结果存入内存，最后从内存中取出最终结果在屏幕上或在打印机上输出。

所以，C 语言顺序结构程序通常涉及变量的定义、数据的输入与输出、表达式计算等内容。

3.2　运算符与表达式

程序设计的本质就是利用控制语句将待处理的原始数据通过运算符号连接，构成计算机所识别的表达式，由计算机运算器完成算术运算与逻辑运算，得到表达式的值。

运算符与运算对象（变量、常量、函数、表达式）组合起来，构成 C 语言的表达式。C 语言的运算符很多，所以由运算符构成的表达式种类也很多，但每个表达式都有一个确定的值。

C 语言的各种运算符都有不同的优先级和结合性规则。所谓优先级就是运算的先后次序，但对于多个同一优先级别的运算符，还要考虑结合性，大多数运算是从左向右计算（左结合），但也有从右向左的计算（右结合）。例如，乘除运算符为左结合性，计算表达式 3/4 * 4 时，先算除法，后算乘法；赋值运算符"="是右结合，计算表达式 a＝b＝5 时，是先完成最右边的赋值操作，然后完成左侧的赋值操作。

3.3　赋值运算

赋值运算是向变量存入数据的操作，也就是称为"写"的操作。

在 C 语言中，赋值号"="是一个运算符，称为赋值运算符。由赋值运算符组成的表达式称为赋值表达式，其形式如下：

　　变量名＝表达式

　　赋值号左边必须是一个变量名,赋值号右边允许是常数、变量和表达式。赋值运算符的功能是先求出右边表达式的值,然后将此值赋给左边变量。

　　说明:

　　(1)赋值运算符的优先级别很低,在所有的运算符中仅高于逗号运算符,低于其他所有运算符。因此,对于如下表达式:

　　　　y＝a＊b＋2＊c

　　由于所有其他运算符的优先级都比赋值运算符高,所以先计算右边表达式的值,再将此值赋给变量 y。因此 y＝a＊b＋2＊c 与 y＝(a＊b＋2＊c)两个赋值表达式是等价的。

　　(2)赋值运算符不同于数学中的等号,等号没有方向,而赋值号具有方向性。如 a＝b 和 b＝a 在数学意义上是等价的,但作为程序表达式将产生不同的操作结果。完成 a＝b 操作后,变量 a 单元中的值为原来变量 b 的值,原来 a 的值被覆盖,而变量 b 的值不变。

　　(3)在 C 语言中,“＝”作为一个运算符,由它组成赋值表达式,C 语言规定左边变量得到的值作为赋值表达式的值,所以表达式 a＝5 的值等于 5。

　　(4)赋值运算符具有右结合性,因此 a＝b＝5 也是合法的,与 a＝(b＝5)等价,最后 a 和 b 的值均等于 5。

　　(5)赋值运算左侧变量类型应该与右侧表达式的值的类型一致,否则可能会出现表达式的值不能正确存入右侧变量的情况发生,在程序编译过程中会出现警告信息,但程序仍会执行。

3.4　算术运算

　　为了完成数值类计算,构造由算术运算符、操作数(常数、变量、函数等)及圆括号组成的式子,即算术表达式。

3.4.1　基本算术运算

　　算术运算符主要包括加(＋)、减(－)、乘(＊)、除(/)和求模(％)五种,其中加、减、乘、除四种运算符就是数学中的四则运算,求模运算就是求余数,如 10％4 的值等于 2。加、减运算符优先级别相同,并具有左结合性。乘、除和求模三种运算符的优先级别相同,也具有左结合性。乘、除和求模运算的优先级别高于加减运算符,即先算乘除,后算加减。

　　对于求模运算符％,两个操作数必须是整型,实型数不能进行求模运算。

　　数学课程中的数学表达式经常使用圆括号、方括号和花括号来强制规定计算顺序,在 C 语言的算术表达式中不允许使用方括号和花括号,只能使用圆括号。圆括号是 C 语言中优先级别最高的运算符,圆括号必须成对使用,当使用了多层圆括号时,先完成最里层括号的运算处理,最后处理最外层括号。

　　在用计算机解决数学问题时,需把数学表达式转换成算术表达式,并保持原有数学表达式的含义,如:

　　(1)$\dfrac{b^2-4ac}{2a}$转换成 (b＊b－4＊a＊c)/(2＊a)。

(2) $\dfrac{a+b}{a-b}$ 转换成 $(a+b)/(a-b)$。

负(一)是一个单目运算符,它的优先级仅次于括号,并具有右结合性。

3.4.2 自增或自减运算

自增运算符(++)和自减运算符(--),操作数必须是变量,是将变量的值增 1 或减 1 的操作。

自增或自减符号可以放在变量的前面,也可以放在变量的后面,如果单独的自增或自减运算以表达式语句形式使用,二者是等效的,如:

如果有变量 x 的值等 1,则++x 与 x++都可以使变量 x 的值变成 2。

但如果自增或自减运算与其他运算混合使用,自增或自减符号可以放在变量的前与后,在变量自身值增加或减少 1 的功能不变的基础上,对整个表达式的值有较大影响。

自增或自减符号可以放在变量的前面,则先将变量自身增或减 1,然后用变化后变量的值参与表达式计算;自增或自减符号可以放在变量的后面,则先用变量的值参与表达式计算,然后将变量自身增或减 1,如有下列程序段:

```
int x=1,y=1,a,b;
a=x++;
b=++y;
```

执行后,x 与 y 的值都等于 2,而 a 的值等 1,b 的值等于 2。

3.4.3 复合赋值运算

在赋值运算符之前加上其他运算符可以构成复合赋值运算符,复合赋值运算符的优先级与赋值运算符的优先级相同,也具有右结合性。常用的有+=、-=、*=、/=、%=等。下面举例说明它们的用法。如:

a+=x-y 相当于 a=a+(x-y)

a-=x-y 相当于 a=a-(x-y)

a*=x-y 相当于 a=a*(x-y)

a/=x*y 相当于 a=a/(x*y)

a%=x*y 相当于 a=a%(x*y)

3.5 字符运算

字符在计算机中是以 ASCII 码形式存储的,可以看作比较小的整数,因此它可以参与各种运算。

在 ASCII 码表中,大写字母、小写字母、数字符号按习惯顺序连续编号。

3.5.1 字符的算术运算

虽然可以将字符看作比较小的整数,做各种数值类计算,但在程序设计时,尽量做到构成有明确含义的表达式,如:

（1）$'B'-'A'$——字符 B 的 ASCII 码值 66 减字符 A 的 ASCII 码值 65，等于 1，表示两字符之间间隔为 1。

（2）$'A'+1$——字符 A 的 ASCII 码值 65 加 1 等于 66，表示字符 A 的下一个字符的 ASCII 码值是 66。

（3）$'B'-1$——字符 B 的 ASCII 码值 66 减 1 等于 65，表示字符 B 的前一个字符的 ASCII 码值是 65。

3.5.2　字符转换

在现实中，经常遇到符号的转换问题，可以通过观察 ASCII 表中字符与 ASCII 码值的对应关系，找出字符的转换规则，如：

（1）小写字母 a 的 ASCII 码值等 97，大写字母 A 的 ASCII 码值等 65，二者相差 32，其他英文字母同样符合此规则，所以将小写英文字母转换为大写，只需减去 32，将大写英文字母转换为小写，只需加上 32；

（2）数值字符 $'0'$ 的 ASCII 码值等 48，数值字符 $'1'$ 的 ASCII 码值等 49，若将数字字符转换为对应数值可减去 48 或直接减去 $'0'$，反之，一位数值加上 48 或直接加上 $'0'$，可将数值数字转换为数值字符。

3.6　位运算

在很多系统程序，尤其是控制类程序中，经常要求在位一级进行运算或处理，直接对字节的二进制位操作处理。C 语言提供了位运算的功能，这使得 C 语言也能像汇编语言一样用来编写系统程序。

3.6.1　位逻辑运算

C 语言提供的位逻辑运算有按位与（&）、按位或（|）、按位异或（^）和按位取反（～）。

（1）按位与（&），通常用于二进制位置"0"操作，参加运算的两个数据按二进位进行与运算，对应二进制位都为 1 时结果为 1，否则为 0，即：

$$0\&0=0;0\&1=0;1\&0=0;1\&1=1$$

（2）按位或（|），一般用于二进制位置"1"操作，运算规则是两个运算位，只要有一个为 1，结果就为 1，即：

$$0|0=0;1|0=1;0|1=1;1|1=1$$

（3）按位异或（^），常用于数据传输中的数据加密和奇偶校验等，异或运算符的运算规则是数字相同为 0、不同为 1，即：

$$0^\wedge 0=0;0^\wedge 1=1;1^\wedge 0=1;1^\wedge 1=0$$

（4）取反（～），常用于数字信号跳变操作，是单目运算符，其规则是将每一位上的 0 变 1、1 变 0。

例如，计算 $9\&5,9|5,9^\wedge 5,\sim 9$。

用一个字节来表示，9 对应二进制为 00001001，5 对应二进制为 00000101，则：

（1）（00001001）&（00000101）等于 00000001，对应十进制数等于 1。

(2) (00001001)|(00000101)等于 00001101,对应十进制数等于 13。

(3) (00001001)^(00000101)等于 00001100,对应十进制数等于 12。

(4) ～(00001001)等于 11110110,对应十进制数等于－10(二进制为补码形式)。

3.6.2　位移运算

C 语言提供的位移运算符有左移运算符(<<)、右移运算符(>>)。

左移运算符(<<),把"<<"左边的运算数的各二进位全部左移,移动"<<"右边的数指定移动的位数,高位丢弃,低位补 0。

右移运算符(>>),把">>"左边的运算数的各二进位全部右移,移动">>"右边的数指定移动的位数,移出部分舍弃,左端(高位)移入的二进制数根据被移动运算数符号而定,正整数高位补零,负整数高位补 1。

例如将 9 和－9 分别左移两位,右移两位。

9 对应二进制为 00001001,－9 对应二进制为 11110111(补码)。

9<<2　结果 00100100,对应十进制数等于 36。

－9<<2　结果 11011100,对应十进制数等于－36。

9>>2　结果 00000010,对应十进制数等于 2。

－9>>2　结果 11111101,对应十进制数等于－3。

3.7　逗号运算

逗号运算符又称为顺序求值运算符,在 C 语言所有运算符中优先级别最低。它是将多个表达式用逗号运算符","连接起来,组成逗号表达式。逗号表达式的一般形式为:

表达式 1,表达式 2,……,表达式 n

逗号运算符的结合性为从左到右,因此逗号表达式将从左到右进行运算。即先计算表达式 1,然后计算表达式 2,依次进行,最后计算表达式 n。最后一个表达式的值就是此逗号表达式的值。如:

i=3,i++,++i,i+5

这个逗号表达式的值是 10,i 的值为 5。

逗号表达式通常用于将多个表达式合并成一个表达式,这样既满足了语言语法规则的要求,又简化了程序的书写过程。

3.8　类型转换

在 C 语言算术表达式的计算过程中,要求参与计算的数据类型是相同的,计算结果的数据类型不变。比如两个运算对象是整数,其结果也是整数,所以会出现表达式 3/2 的值等于 1 的结果出现。

在 C 语言中,不同类型的数据之间是不能直接进行运算的,在运算之前必须将操作的数据转换成同一种类型,然后才能完成运算。由于运算对象可能具有不同的类型,因此难以避免在一个程序表达式中出现不同类型的操作数。C 语言系统遇到不同类型数据之间运算问题时,采用隐式转换和显示转换将操作数转换成同种类型。

3.8.1　算术运算中的隐式转换

隐式转换也称自动转换,当两个不同类型的数据进行运算时,系统先将类型级别较低的操作数转换成另一个较高级别的类型,然后进行计算,计算结果的数据类型为级别较高的类型。例如在 3/2.0 表达式计算时,先将整数 3 转换成实型 3.0,然后进行除法运算,计算结果为类型级别更高的实型数 1.5。

C 语言中的类型级别按下面顺序处理,这样的规定保证了转换操作后的数据精度不会受到影响。

字符型＜整型＜单精度实型＜双精度实型

类型转换并不改变数据的类型,而是将数据"看作"另一种类型,对数据的存储单元没有任何影响。

在整数相除的表达式中,通常预先乘以实数 1.0,目的就是在有实数参与计算时,使表达式的值也为实数,保证计算结果的精度不会受到影响。

3.8.2　赋值运算中的隐式转换

C 语言中的赋值运算过程中,要求表达式值的类型与变量类型一致,如果不一致,则将表达式值的类型自动转换变量的类型后,再赋值。如:

```
int a;float b;
a＝3.14;
b＝5;
```

由于变量 a 是整型变量,为其赋值为实数 3.14,自动将 3.14 转换为整型数据 3,后赋值,所以 a 变量里存储的数据为整数 3;而变量 b 为单精度变量,为其赋值为实数 5,自动将整数 5 转换为单精度实数 5.0,赋值后 b 变量里存储的数据为实数 5.0。

隐式转换赋值运算时,若变量类型精度低于表达式的精度,可能会出现运算结果精度降低的问题,在编译时系统会提示警告信息。

3.8.3　显式转换

显式转换也称为强制类型转换,C 语言中允许使用类型说明符关键字对操作数据进行强制类型转换,如:欲使表达式 3/2 的值等于 1.5,可将两个操作数其中一个或全部强制转换为实数,如(float)3/2、3/(float)2、(float)3/ (float)2,这一方法对变量作为操作数时尤其实用。如求 a,b 两个整数相除的结果,通常构造 (float)a/b 或 a/(float)b 这样的表达式。

3.9　标准设备输入输出库

利用计算机进行问题求解时,对解决问题所需的原始数据通常需要利用键盘输入到计算机内存中,而程序运行的结果大多也需在屏幕上显示输出。

标准设备输入输出库解决键盘上输入的字符如何送入内存,内存中的数据如何以字符形式显示在屏幕上,C 语言本身不提供输入输出语句,而是使用标准库函数实现数据输入输出操作。使用标准输入输出库函数时,必须用编译预处理命令♯include 将相应的头文件包括到用户的程序中,输入输出函数的头文件名为 stdio.h。

3.9.1 格式化输出函数

printf 函数是 C 语言系统提供的标准输出函数,功能是在终端(显示器终端)上按指定格式输出各种类型的数据。printf 函数的调用形式如下:

printf(格式控制,输出项表)

如果在函数后面加上分号";",就构成了输出语句。例如:

printf("a=%d,b=%f\n",a,b);

在这条输出语句中,printf 是函数名,用双引号括起来的字符串部分"a=%d,b=%f\n"是输出格式控制,决定了输出数据的内容和格式。a,b 为输出项。

printf 函数说明:

(1) 格式控制。格式控制字符串可以包含三类字符:

① 格式符,由%开头后跟格式符。其中格式符由 C 语言约定,作用是将输出的数据转换为指定的格式输出。C 语言约定的常用格式符及其功能说明如表 2-2 所示。

表 2-2　格式控制符与输入及输出函数关系

格式符	printf()	scanf()
d	输出十进制整数	输入十进制整数
f	输出单、双精度实数	输入单、双精度实数
lf	输出双精度实数	输入双精度实数
c	输出一个字符	输入一个字符
s	输出字符串	输入字符串
ld	输出长整型数据	输入长整型数据
o	以八进制形式输出整数	以八进制形式输入整数
x	以十六进制形式输出整数	以十六进制形式输入整数
e	以指数形式输出实数	以指数形式输入实数

② 普通字符,是指在格式控制字符串中除了格式符和转义字符外,需要原样输出的文字或字符(包括空格)。

③ 转义字符,为了使输出结果清晰,便于阅读,需要在格式控制字符串中加上诸如回车换行"\n"等这样的转义字符来控制输出结果的显示格式。

(2) 输出项表。输出项表可以是要输出的任意合法的常量、变量或表达式,各输出项之间必须用逗号隔开。此外,printf 函数可以没有输出项,函数的调用形式将为 printf(格式控制),输出结果就是格式控制中的固定字符串。如:printf("OK!");将输出字符串:OK!。

如有下列程序段:

int a=10,b=9;
printf("%d %d\n",a,b);
printf("a=%d\n",a,b);

```
printf("a=%d,b=%d\n",a+1,b);
```

其输出结果为：

```
10 9
a=10
a=11,b=9
```

3.9.2　格式化输入函数

scanf 是 C 语言提供的标准输入函数，其功能是从输入设备（通常为键盘设备）获取数据，并送到变量的内存地址中。

调用 scanf 函数的一般格式为：

scanf(格式控制,输入项表)

例如，若 a 为整型变量，b 为实型变量，下列语句用来为 a 和 b 输入数据：

scanf("%d%f",&a,&b);

使用 scanf 函数，必须提供两种参数，即输入格式控制和输入项表。

（1）格式控制。格式控制字符串中一般不使用普通字符（因为在输入时需原样输入，为输入工作带来麻烦），输入多个数据中间用空格或回车符作为输入数据的间隔。

（2）输入项表。输入项表中的各项之间用逗号间隔，输入项必须是变量的地址，这就需在变量名字前加取地址运算符 &。输入项的个数要与格式说明符的个数相同且输入项与对应的格式说明符的类型必须按顺序对应。

如下列输入语句：

scanf("%d%f",&a,&b);

输入数据为:120 1.5<回车>　　（格式控制字符串中未使用普通字符,输入时数据间隔用空格,也可用回车）

scanf("%d,%f",&a,&b);

输入数据为:120,1.5<回车>　　（格式控制字符串中用到逗号,输入时数据之间也要用逗号分隔）

scanf("a=%d,b=%d,c=%d",&a,&b,&c);

控制字符串中使用普通字符,但在执行该语句时并不能起到提示作用,输入数据时必须按格式控制字符串内容原样输入普通字符。

输入数据必须为:a=12,b=34,c=56<回车>

如果在程序中对输入的内容做提示,则应该在输入语句之前输出字符串信息。

3.9.3　字符输入输出函数

在 C 程序中,经常需要对字符数据进行输入和输出操作。字符的输入输出除了可以使用 scanf() 和 printf() 函数外,还可以使用专门用于字符输入输出的函数 getchar() 和 putchar() 函数。

（1）putchar()函数

一般格式为:putchar(字符型表达式)

putchar()是字符输出函数,作用是在屏幕上输出字符,它的参数是待输出的字符。如果参数为一个整型数据,将输出对应 ASCII 码值的字符。

【例 3.1】 字符输出函数的用法。

```
#include <stdio.h>
int main()
{
    char ch='A';
    putchar(ch);putchar(32);putchar(ch+32);putchar('\n');
    putchar(ch+1);putchar('\n');
    return 0;
}
```

运行结果为:

A a
B

(2) getchar()函数

一般格式为:getchar()

getchar()是字符输入函数,此函数没有参数,作用是接收键盘上输入的一个字符。

【例 3.2】 字符输入函数的用法。

```
#include <stdio.h>
int main()
{
    char ch1,ch2;
    int a;
    ch1=getchar();
    ch2=getchar();
    scanf("%d",&a);
    printf("%c%c,%d\n",ch1,ch2,a);
    return 0;
}
```

输入数据:

as123<回车>

输出数据:

as,123

getchar()只能接收一个字符。当只有一个 getchar()函数时,输入一个字符并按回车键后,字符才能被接收。如果有两个连续的 getchar()函数,两个字符必须连续输完再按回车键,或继续输入其他数据。就一个 getchar()函数而言,输入一个字符后必须按回车键,但回车键仍保留在键盘缓冲区中。

对于前面的程序例子,如果按下述方式输入数据:

a<回车>

s<回车>

则当输入第 2 个字符并按回车键后,程序就不再接收下一个字符了。因为 ch1 接收了字符 'a',ch2 接收的字符为回车符,s 就作为整型变量 a 的值,但数据非法,因此结束了数据输入。

3.10　函数库

C 语言不仅提供标准输入输出库函数实现数据输入输出操作,还提供了字符函数和字符串函数、数学函数及动态存储分配函数等库函数,每一种 C 语言编译系统都提供了一批库函数,不同的编译系统所提供的库函数的数目和函数名以及函数功能是不完全相同的。

正如使用标准输入输出库函数时,须用编译预处理命令 #include 将相应的头文件 stdio. h 包括到用户的程序中,使用其他函数时,同样要包含如 string. h、math. h、stdlib. h 等对应的头文件。

3.10.1　库函数声明

通过函数名字调用系统的库函数,调用时必须知道函数参数的要求,包括参数的个数与类型,以及函数返回值的类型。如:

double sqrt(double x);

sqrt 是平方根函数名,前面的 double 说明该函数返回的计算结果是最高精度达双精度类型的数据,圆括号中的 double x 说明调用该函数时必须提供一个有确定值的操作数,其类型允许为双精度类型。

3.10.2　头文件的使用

在 C 语言程序中使用不同的系统库函数,必须在程序文件开头使用预处理命令将头文件包含进来。如:

```
#include <math. h>
#include <string. h>
#include <stdlib. h>
```

3.10.3　库函数的调用

C 语言程序调用系统提供的库函数,除明确函数的名称和其对应的头文件外,还须知道其返回值的类型及调用函数所需的参数的个数、类型和定义域。

可以在函数的后面加分号,作为语句使用,如前面的 scanf()、printf() 和 putchar() 等,也可以将函数作为表达式或表达式的一部分使用。

如调用平方根函数 sqrt(),求 5 的平方根所用的程序段如下:

```
double x;
x=sqrt(5);
```

3.11　基本语句

结构化程序可以分为三种基本结构,即顺序结构、选择结构、循环结构,各种复杂程序均可由这三种基本结构组成,C 语言提供了多种语句来实现这些程序结构。

语句是一个程序逻辑的体现,它不仅可描述算法,也可以通过运行程序执行语句,实现程序的功能。

C 语言语句以分号结尾。

3.11.1 标签语句

标签语句由一个标识符后跟一个冒号再跟着一条语句组成。即:

标签名:语句

这种形式结合 goto 语句,可实现程序流程的跳转,常用于程序的调试,但是在结构化程序设计中一般不主张使用 goto 语句,以免造成程序流程的混乱。

有如下程序段:

语句段 1

goto end;

语句段 2

end:

语句段 3

当语句段 1 执行结束后,跳过语句段 2,从 end 标签位置继续执行。如果标签的位置在 goto 语句的前面出现,可实现循环的操作。

在后续 switch 语句中,会使用"case 常量表达式:语句""default:语句"两类的格式,功能是程序从 switch 结构入口跳转到对应的位置执行。

3.11.2 空语句

只有分号组成的语句称为空语句。空语句是不做任何操作的语句。

空语句的作用是可以使程序的某些逻辑结构更完整,如下列程序段中,空语句可用来作空循环体。

```
while( getchar()! ='\n' )
    ;
```

而下列程序段中,空语句作为选择结构的一个空的分支。

```
if( x%2==0 )
    ;
else
    printf("%d\n",x);
```

3.11.3 声明语句

在旧 C 语言标准中,认为只有产生实际操作的才称为语句,对变量的定义不是语句,而且要求对变量的定义必须出现在本块中所有程序语句之前,所以 C 语言程序通常在函数或块的开头位置定义全部变量。

在 C99 中,对变量的定义被认为是一条语句,并且可以出现在函数中的任何行,既可以放在其他程序语句可以出现的地方,也可以放在函数之外,这样可以方便地实现变量的局部化。

声明语句的作用是定义在程序中使用的变量,内容包括:确定变量的名称(标识符)与数据类型,在后续章节中还需确定变量的存储类型。

声明语句的一般格式为:

类型说明符 变量名称;

若同时声明定义多个变量,变量名之间用逗号分隔。

如定义一个整型变量 a,一个双精度变量 b,其声明语句为:

int a; double b;

如定义三个整型变量 a,b,c,其声明语句为:

int a,b,c;

3.11.4　表达式语句

表达式语句由一个表达式加一个分号构成,其一般形式为:

表达式;

执行表达式语句的功能是计算表达式的值。

如:在赋值表达式后加分号,则构成一个赋值语句。

a=1+2;

a++;

++a;

3.11.5　复合语句

把多个语句用花括号"{ }"括起来组成的一个语句称复合语句。在 C 语言程序中把复合语句看成是单条语句,而不是多条语句,例如:

```
{
    x=1;
    y=x++;
    printf("%d\n",y);
}
```

是一条复合语句。复合语句内的各条语句都必须以分号结尾;此外,在花括号外不能加分号。

3.12　案例分析

【案例 3.1】　数字拆分。

某学校学生入学时就被赋予了一个唯一的学号,从学号中可以分析出该学生的入学年份、所在的学院、专业、班级及班级内的序号,如从 2007130804,可知该学生 2020 年入学,所处班级为 8 班,序号为 4 号。现请你设计程序,从键盘输入一个 10 位的整数(学号),求出对应的入学时间、班级及序号。

【问题分析】

该问题的解决目标是把这 10 位整数中最前两位、最后两位以及倒数第 3 和第 4 两位取出,然后再对年份＋2000。

用自然语言描述算法如下:

  输入 10 位正整数 xh;

  取出 2 位的年份 rxnf＝xh/100000000;

  取出 2 位的序号 bh＝xh％100;

  取出 2 位的班级 bj＝xh/100％100;

  将年份加 2000;

  输出。

  定义变量:都是整数,学号 xh、入学年份 rxnf、班级 bj 和编号 bh。

【C 语言代码】

```
#include<stdio.h>
int main()
{
        int xh,rxnf,bj,bh;
        scanf("%d",&xh);
        rxnf=xh/100000000;
        bj=xh/100%100;
        bh=xh%100;
        rxnf=rxnf+2000;
        printf("入学年份=%d，班级=%d，编号=%d\n",rxnf,bj,bh);
        return 0;
}
```

【案例 3.2】 数据交换。

有 A 容器内盛水(用 1 表示),B 容器内盛油(用 2 表示),现欲交换两容器中的液体,设计算法描述交换过程。

【问题分析】

该问题的解决目标是把 A、B 两个容器内的液体交换,即 A 容器内盛油,B 容器内盛水,为此必须借助一个临时容器 C。将问题抽象为两个变量借助中间变量进行数据交换。

用自然语言描述算法如下:

  表示 A 中有水;

  表示 B 中有油;

  展示交换前状态;

  将 A 中液体倒入 C 中;

  将 B 中液体倒入 A 中;

  将 C 中液体倒入 B 中;

  展示交换后状态。

  定义变量:1 和 2 都是整数,存储两个数需两个整型变量 a 和 b,为了交换还需变量 c。

【C 语言代码】

```
#include<stdio.h>
int main()
{
    int a,b,c;
    a=1;
    b=2;
    printf("交换前 a=%d, b=%d\n",a,b);
    c=a;
    a=b;
    b=c;
    printf("交换后 a=%d, b=%d\n",a,b);
    return 0;
}
```

程序运行结果：

　　交换前 a=1，b=2

　　交换后 a=2，b=1

【案例 3.3】　求前驱与后继。

将 0 至 9 十个数字首尾相连,随意指定一个数字,求贴近它的前面数字和后面的数字。

【问题分析】

该问题对于数字 1 至 8 比较容易,只做加 1 或减 1 的操作即可,但对于数值 9 求它的后继,加 1 后等 10,而结果要求是 0,可对 10 除以 10 求余数得到 0;求数值 0 的前驱,减 1 后其值等于 -1,结果要求是 9,由于 0 至 9 首尾相连,所以减 1 的操作可转换为加 9 的操作,然后对 10 求余数。

用自然语言描述算法如下：

　　键盘输入一个一位的正整数;

　　加 1 求余得后继;

　　加 9 求余得前驱;

　　展示该数、前驱、后继。

　　定义变量:3 个变量 a,b,c 都是整数,a 为指定的数,b 为前驱,c 为后继。

【C 语言代码】

```
#include<stdio.h>
int main()
{
    int a,b,c;
    scanf("%d",&a);
    b=(a+9)%10;
    c=(a+1)%10;
    printf("a=%d,b=%d,c=%d\n",a,b,c);
```

```
        return 0;
    }
```

程序运行结果：

  输入 5,显示:a＝5,b＝4,c＝6

  输入 0,显示:a＝0,b＝9,c＝1

  输入 9,显示:a＝9,b＝8,c＝0

思考:若问题改为问某天的前一天或后一天是星期几,或小写英文字母首尾相连后求某字母的前驱与后继,需要对算法做怎样的调整?

3.13　项目拓展

学生的成绩管理中,输入、计算和输出是最基本的操作,由于字符串操作涉及字符数组,需用到第 6 章的知识,所以暂时不考虑字符串的操作。

从键盘输入一个学生的学号和 5 门课程成绩,输出学生的基本信息和计算的结果。

【C 语言代码】

```
#include<stdio.h>
int main()
{
    int xh;
    int cj1,cj2,cj3,cj4,cj5,zf;
    printf("输入学生学号:");
    scanf("%d",&xh);
    printf("输入学生 5 门课程成绩,各成绩之间用空格分隔:");
    scanf("%d%d%d%d%d",&cj1,&cj2,&cj3,&cj4,&cj5);
    zf=cj1+cj2+cj3+cj4+cj5;
    printf("学生学号:%d\n",xh);
    printf("5 门课程成绩:%d %d %d %d %d\n",cj1,cj2,cj3,cj4,cj5);
    printf("总分为:%d\n",zf);
    return 0;
}
```

程序运行结果：

  输入学生学号:16 输入学生 5 门课程成绩,各成绩之间用空格分隔:96 89 78 85 88

  学生学号:16

  5 门课程成绩:96 89 78 85 88

  总分为:436

练 习 题

3.1　根据下列数学式子,写出相应的 C 语言表达式。

(1) $\dfrac{\frac{a}{b}}{\frac{x}{y}}$;

(2) $\dfrac{1}{2}\left(ax+\dfrac{a-x}{4a}\right)$;

(3) $e^{b/a}\sin(\pi/6)|y|+\cos(60°)$;

(4) $(b-1)^{x}+a\%4$。

3.2　请分析:当执行下面语句后,变量 a 的值是多少?

　　float m=65.78;

　　int a=9;

　　a=m;

3.3　执行下面程序段后,变量 z 的值是多少?

　　int x=5,y=3;

　　float z;

　　z=(float)(x/y);

3.4　写出下面程序的运行结果,并分析原因。

　　#include<stdio.h>

　　int main()

　　{

　　　　int i,j,k;

　　　　float x=5.8,y=3.7,f=8.56;

　　　　i=(int)(x+y);j=(int)x+y;k=(int)f%3;

　　　　printf("\n i=%d,j=%d,k=%d,x=%f\n",i,j,k,x);

　　　　return 0;

　　}

3.5　写出下面程序的运行结果。

　　#include<stdio.h>

　　int main()

　　{

　　　　int a=4,b=6;

　　　　b=a+b;

　　　　a=b-a;

　　　　b=b-a;

　　　　printf("a=%d,b=%d\n",a,b);

　　　　return 0;

　　}

3.6 写出下面程序的运行结果。

```
int main()
{
        int x=10,y=3;
        printf("%d\n",y=x/y);
        return 0;
}
```

3.7 请写出以下程序段执行后的输出结果。

```
int c1=1,c2=2,c3;
c3=c1/c2;
printf("%d\n",c3);
```

3.8 若有以下定义,请写出以下程序段中输出语句执行后的输出结果。

```
int i=-200,j=2500;
printf("(1)%d,%d",i,j);
printf("(2)i=%d,j=%d\n",i,j);
printf("(3)i=%d\nj=%d\n",i,j);
```

3.9 变量 i,j,k 已定义为 int 型并均有初值 0,用以下语句进行输入时:

```
scanf("%d",&i);
scanf("%d",&j);
scanf("%d",&k);
```

从键盘输入:12.3<回车>,则变量 i,j,k 的值分别是多少?

3.10 以下程序段要求通过 scanf 语句给变量赋值,然后输出变量的值。写出运行时给 k 输入 100、给 a 输入 15.81、给 x 输入 1.893 56 时的三种可能的输入形式:

```
int k;float a;double x;
scanf("%d%f%lf",&k,&a,&x);
printf("k=%d,a=%f,x=%f\n",k,a,x);
```

3.11 求三个整型数的平均值 v=(a+b+c)/3,在变量定义时给出初始化值 a=3,b=4,c=7,并输出两位小数。

3.12 输入一个摄氏温度,要求输出华氏温度。公式为 f=5/9*c+32。要求使用scanf()函数输入数据。

第 4 章 逻辑判断与选择结构

4.1 概述

　　顺序结构程序中各语句是解决问题的基本执行部分内容,但在实际问题的解决过程中,常常会出现各种情况,需要确定问题处理对象之间的差异点和共同点,再根据对象的共同点和差异点,把它们区分为不同类别进行处理操作。如依据天气情况决定是否携带雨具;根据培养目标和学生的知识基础制定教学方案;解一元二次方程时,根据 b^2-4ac 的值,分别求方程的实根和虚根;依据学生的某科成绩判断等级;等等。

　　程序的处理步骤出现了分支,需要根据某一特定的条件选择其中的一个分支执行,这种程序结构称为选择结构,又称为分支结构。

　　选择结构有单选择、双选择和多选择三种形式。其中单选择的含义是根据条件成立与否,判断某语句是否执行;双选择是典型的选择结构形式,有两个分支,根据条件的成立与否来决定程序的执行方向,并且在这两个分支中只能选择一条且必须选择一条执行;多选择指程序有多个分支,需依次根据条件是否成立,逐一判断决定程序执行的分支。不论是否选择了某个分支,也不论选择了哪一条分支,执行后,最后都要结束选择结构,继续执行后续的其他语句。

　　选择结构问题的解决分两个内容,其一是确定每个分支要执行的语句;另外,需要用条件对问题做明确的分类,每一类别对应一个分支,条件的确定要做到"全覆盖不重复"。全覆盖指条件中包含所有可能的情况,如对整数处理时有两个条件"大于 0"和"小于 0",这个条件就缺失了等于 0 的情况;不重复是指不同分支的条件是唯一的,条件之间不可以出现交叉,同样对整数处理的两个条件"大于等于 0"和"小于等于 0",整数 0 就出现了重复。

　　在程序中,"条件"的构成通常用设计关系表达式和逻辑表达式来实现,表达式的值只有成立(真)或不成立(假)两种逻辑结果,C 语言没有专门的逻辑数据类型,用整数 0 表示逻辑"真",用非 0 值表示逻辑"假",而"真"值用 1 表示,"假"值用 0 表示。

4.2 关系运算

　　关系运算是逻辑运算中比较简单的一种。所谓关系运算实际上是"比较运算",即进行两个数的比较,判断比较的结果是否符合指定的条件。关系运算对参与比较的数据没有任何影响。

4.2.1 关系运算符

C 语言提供了 6 种关系运算符,它们分别是:

<	小于
<=	小于等于
>	大于
>=	大于等于
==	等于
! =	不等于

关系运算符是双目运算符,具有自左至右的结合性。以上关系运算符中,前四种关系运算符(<、<=、>=、>)的优先级相同,后两种(==、! =)优先级相同,且前四种的优先级高于后两种的。关系运算符的优先级低于算术运算符,高于赋值运算符。

4.2.2 关系表达式

由关系运算符构成的表达式,称为关系表达式。关系运算符两边的运算对象可以是 C 语言中任意合法的表达式。

关系表达式的形式为:

表达式 1 关系运算符 表达式 2

例如:a>=b、(a=3)>(b=4)、a>c==c 等都是合法的关系表达式。

4.3 逻辑运算

逻辑运算用于明确多个关系运算之间的关系。

4.3.1 逻辑运算符

逻辑运算符是对逻辑量进行操作的运算符。逻辑量只有两个值,即"真"和"假",它们分别用 1 和 0 表示。C 语言有三种逻辑运算符:逻辑与(&&)、逻辑或(||)和逻辑非(!)。逻辑与和逻辑或为双目运算符,具有左结合性。逻辑非为单目运算符,具有右结合性。

三种逻辑运算符的优先级:"!"运算符优先级最高,"&&"运算符次之,"||"运算符优先级最低。其中"!"运算符优先级最特别,仅次于括号和成员运算符,高于所有算术运算符和关系运算符。"&&"和"||"运算符优先级低于算术运算符和关系运算符,高于赋值运算符。

4.3.2 逻辑表达式

逻辑表达式是由逻辑运算符把操作对象(可以是关系表达式或逻辑表达式)连起来所构成的式子。其形式为:

表达式 1 && 表达式 2

表达式 1 || 表达式 2

! 表达式

逻辑表达式的运算结果或者为 1 即"真",或者为 0 即"假"。其运算规则为:

（1）逻辑与（&&）：当两边的表达式的值均为非 0 时，逻辑表达式的值才为 1，其余情况均为 0。

（2）逻辑或（||）：当两边表达式的值均为 0 时，逻辑表达式的值才为 0，其余情况均为 1。

（3）逻辑非（!）：当表达式的值为非 0 时，逻辑表达式的值为 0；反之，当表达式的值为 0 时，逻辑表达式的值为 1。

如，数学表达式 a<b<c 的逻辑表达式为：

　　a<b && b<c。

判断整数 m 是否能被 3、5 或 7 整除的逻辑表达式为：

　　m%3==0 || m%5==0 || m%7==0

判断整数 m 不能同时被 3、5 和 7 整除的逻辑表达式为：

　　m%3!=0 && m%5!=0 && m%7!=0 或 m%3 && m%5 && m%7

4.4　条件运算

C 语言提供了一种特殊的运算符——条件运算符，由此构成的表达式也可以形成简单的表达式级的选择结构，将选择功能内嵌在表达式中，使得程序可以根据不同的条件使用不同的数据参与运算。

条件运算符为"? :"，是 C 语言中唯一的三目运算符。

条件表达式的形式如下：

　　表达式 1? 表达式 2 : 表达式 3

条件表达式的运算过程为，如果表达式 1 为非零值（真），则计算表达式 2 的值，并作为整个条件表达式的值。如果表达式 1 的值为零（假），则计算表达式 3 的值，并作为整个条件表达式的值。

例如：

a>b? a:b　　该表达式的值等于 a 和 b 中的最大数。

条件表达式的优先级仅高于赋值运算符和逗号运算符，低于其他所有运算符。

如以下程序段：

　　int a=1,b=2,c;

　　c=a>b? a:b+1;

执行时，a>b 不成立，计算 b+1 的值等于 3，把 3 赋值给变量 c。

4.5　if 语句

C 语言中，if 语句是解决选择类问题的基本语句，在使用时明确问题有几个分支，每个分支的执行条件。if 语句的基本格式为：

　　if（表达式）

　　　语句 1

　　else

　　　语句 2

　　语句的功能:如图 4-1 所示,根据表达式的值,从语句 1 和语句 2 中选择一条语句去执行。首先对括号内的表达式求值,如果表达式的值为非零值(真),则执行语句 1,否则执行语句 2,两条语句只能有一个语句被执行。

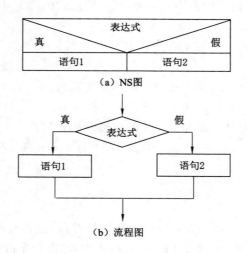

图 4-1　if～else～语句的 NS 图和流程图

　　语句 1 和语句 2 都是一条语句,如果一条语句无法完成功能的实现,需要多条语句时,则将多条语句用花括号括起来构成一条复合语句。

　　例如:当表达式为真,执行 A 和 B 操作,否则执行 C 和 D 操作,代码为:

```
    if(表达式)
    {A 操作;
     B 操作;
    }
    else
    {C 操作;
     D 操作;
    }
```

如果写成:

```
    if(表达式)
    A 操作;
    B 操作;
    else
    {C 操作;
     D 操作;
    }
```

在对程序编译时会提示语法错误,程序无法执行。

　　如果写成:

```
if(表达式)
    ｛A 操作；
     B 操作；｝
else
    C 操作；
    D 操作；
```

则程序功能发生改变，"当表达式为真，执行 A 和 B 操作，否则执行 C 操作，选择结构结束后，执行 D 操作"。

在 if 语句的实际应用中，可以将 if 语句中的 else 和后面的语句 2 省略，也可以在语句 1 和语句 2 的位置嵌入另一个完整的 if 语句。

4.5.1　单分支选择结构

将 if 语句中的 else 和后面的语句 2 省略，就构成单分支选择结构，其格式为：

```
if(表达式)
    语句 1
```

语句的功能：根据表达式的值，选择语句 1 是否执行。首先对括号内的表达式求值，如果表达式的值为非零值（真），则执行语句 1，执行过程如图 4-2 所示。

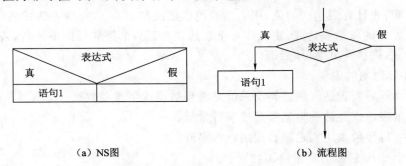

（a）NS图　　　　　　　　　　　　　（b）流程图

图 4-2　if 语句的 NS 图和流程图

4.5.2　多分支选择结构

当问题中需要根据条件，从多个分支中选择一个分支执行时，可使用多分支语句，其格式如下：

```
if(表达式 1)
    语句 1
else if(表达式 2)
    语句 2
    ……
else if(表达式 n)
    语句 n
else
    语句 n+1
```

其执行过程是依次计算并判断表达式 i(i 为 1～n),当表达式 i 的值为非 0 时,选择执行其后的语句;当表达式 i 的值为 0 时,执行语句 n+1。

4.6　switch 语句

在现实问题中,常常会出现判断条件不是一个区间而是多个等值的情况,如学生课程表,一个星期内每天上课的内容不同,虽然可以使用多分支选择结构,但相对比较麻烦,解决此类问题用 switch 语句实现比较方便。

switch 语句是一个描述多分支结构的语句,其一般形式为:

```
switch(表达式)
{
    case 常量表达式 1:语句 1;
    case 常量表达式 2:语句 2;
    ……
    case 常量表达式 n:语句 n;
    default：        语句 n+1;
}
```

执行过程:先计算表达式的值,用表达式的值依次与 case 后常量表达式的值进行比较,若找到与值相等的常量表达式,则从该常量表达式冒号后的语句处向下执行,若找不到匹配的常量表达式,则执行 default 后面的语句。

对 switch 语句的说明:

(1) switch 后面表达式的值类型只能是整型数据或字符型数据。

(2) 常量表达式通常是整型常量或字符常量。

(3) case 与常量表达式之间必须用空格隔开。

(4) 每个 case 后面的常量应不相同。

(5) switch 的语句体必须用"{ }"括起来。

(6) 当 case 后包含多个语句时,可以不用花括号括起来,系统会自动识别并顺序执行所有语句。

执行完成某一 case 后的执行语句后,并不能结束 switch 结构,程序会继续向下执行,所以通常在各执行语句后面使用 break 语句结束 switch 结构。常常采用下列格式:

```
switch(表达式)
{
    case 常量表达式 1:语句 1; break;
    case 常量表达式 2:语句 2; break;
    ……
    case 常量表达式 n:语句; break;
    default：        语句 n+1;
}
```

4.7　选择结构嵌套

在 if 语句基本格式的基础上,在语句 1 和语句 2 的位置嵌入另一个完整的 if 语句,构成多分支选择结构。

如在原语句 1 位置嵌入 if 语句：

```
if(表达式 1)
    if(表达式 2)
        语句 A
    else
        语句 B
else
    语句 2
```

同样也可以在语句 2 位置,或同时在语句 1 和语句 2 位置嵌入 if 语句。

若在一个程序中,出现多层次的不同类型的 if 嵌套,那么 else 子句与 if 子句的配对规则是：else 与它前面的未与其他 else 配对的 if 配对。

4.8　案例分析

【案例 4.1】　判断奇偶数。

从键盘输入一个正整数,判断其是奇数还是偶数。

【问题分析】

该问题的结果有两种：整数是奇数、整数是偶数。按数学定义,能够被 2 整除的数是偶数,否则是奇数。

能够被 2 整除,是指该数除以 2 的余数等于 0。

用 NS 图描述算法,如图 4-3 所示。

图 4-3　案例 4.1 的 NS 图

定义变量：1 个整型变量 n。

【C 语言代码】

```c
#include<stdio.h>
int main()
{
    int n;
    scanf("%d",&n);
```

```
if(n%2==0)
        printf("偶数! \n");
    else
        printf("奇数! \n");
    return 0;
}
```

程序运行结果：

　　　　输入 5,显示:奇数!

　　　　输入 8,显示:偶数!

【案例 4.2】 求绝对值。

从键盘输入一个整数,求它的绝对值。

【问题分析】

该问题的结果有两种:如果是负数,需将符号取反;否则,不做任何处理。"不做任何处理"可以用空语句实现,类似情况,常常用单选择结构,只对需要处理的语句做条件判断。

定义变量:1 个整型变量 n。

用 NS 图描述算法,如图 4-4 所示。

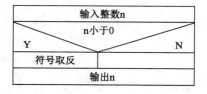

图 4-4　案例 4.2 的 NS 图

【C 语言代码】

```
#include<stdio.h>
int main()
{
    int n;
    scanf("%d",&n);
    if(n<=0)
        n=-n;
    printf("%d\n",n);
    return 0;
}
```

【案例 4.3】 判断符号。

从键盘输入一个整数,判断它的符号(正数用 1 表示,0 用 0 表示,负数用-1 表示)。

【问题分析】

该问题的输出结果可能有三种,即输出 1、0 和-1,实现这一功能,需将所有的整数划分:可以先划分出正数,再对小于等于 0 的范围进行划分;或先划分出负数,然后对大于等于

0 的部分再划分;或先将 0 分出来,再对非 0 值进行划分。每一次划分出来的数据应有具体的操作内容。这种情况,常常用 if 的多选择结构程序处理。

定义变量:两个整型变量 x、y,其中 x 表示输入的整数,y 表示对应的符号。

用 NS 图描述第一种算法,如图 4-5 所示。

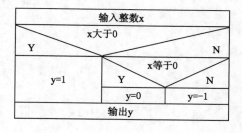

图 4-5　案例 4.3 的 NS 图

【C 语言代码】

```
#include<stdio.h>
int main()
{
    int x,y;
    scanf("%d",&x);
    if(x>0)
        y=1;
    else if(x==0)
        y=0;
    else
        y=-1;
    printf("%d\n",y);
    return 0;
}
```

也可以用第 2 种算法:

```
#include<stdio.h>
int main()
{
    int x,y;
    scanf("%d",&x);
    if(x<0)
        y=-1;
    else if(x==0)
        y=0;
    else
```

```
        y=1;
        printf("%d\n",y);
        return 0;
    }
```

或使用第 3 种算法：

```
    #include<stdio. h>
    int main()
    {
        int x,y;
        scanf("%d",&x);
        if(x==0)
            y=0;
        else if(x>0)
            y=1;
        else
            y=-1;
        printf("%d\n",y);
        return 0;
    }
```

【案例 4.4】 由等级判断确定数据范围。

输入考试成绩等级(分别用字符 A、B、C、D、E),输出百分制分数段。

'A':成绩优秀:90—100;'B':成绩良好:80—89;'C':成绩中等:70—79;'D':成绩及格:60—69;'E':成绩不及格:0—59;其他字符:输入非法字符。

【问题分析】

该问题的输出结果可能有六种,分别对应输入的字符 A、B、C、D、E 和其他字符。由于问题是根据输入的字符与固定字符常量值相等进行判断,虽然可以用 if 多分支选择结构解决,但用 switch 语句效率更高且逻辑更加清晰。使用此语句时,要注意与 break 语句配合,及时结束 switch 结构。

用 NS 图描述算法,如图 4-6 所示。

输入一个字符赋给 c					
判断 c					
等于'A'	等于'B'	等于'C'	等于'D'	等于'E'	其他
输出优秀	输出良好	输出中等	输出及格	输出不及格	输出字符非法
结束	结束	结束	结束	结束	

图 4-6 案例 4.6 的 NS 图

定义变量:一个字符变量 c,用于接收输入的字符。

【C 语言代码】

```
#include<stdio.h>
int main()
{
    char c;
    scanf("%c",&c);        //也可以用:c=getchar();
    switch(c)
    {
        case 'A':
            printf("成绩优秀:90———100\n");
            break;
        case 'B':
            printf("成绩良好:80———89\n");
            break;
        case 'C':
            printf("成绩中等:70———79\n");
            break;
        case 'D':
            printf("成绩及格:60———69\n");
            break;
        case 'E':
            printf("成绩不及格:0———59\n");
            break;
        default:
            printf("输入字符非法\n");
    }
    return 0;
}
```

【案例 4.5】　由数据范围判断确定等级。

某学科考试成绩总分为 100 分,经分析成绩分数段和各等级人数百分比,确定如下:0—59(不及格,10%)、60—69(及格 20%)、70—79(中等,35%)、80—89(良好,25%)、90—100(优秀,10%)。实现下列功能,输入一个成绩,输出等级。

【问题分析】

该问题的输出结果可能有五种:优秀、良好、中等、及格和不及格。需将 0 至 100 分为五个连续的数值范围,每个范围对应一个成绩等级。

如果参加考试的学生人数比较少,可利用 if 多选择结构程序实现,但如果学生人数较多,必须考虑程序运行效率的问题,依据哈夫曼编码,用 NS 图描述算法,如图 4-7 所示。

定义变量:一个整型变量 x,用于接收输入的学生成绩。

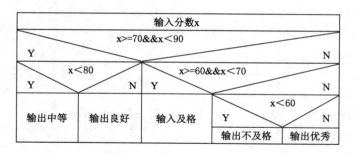

图 4-7　案例 4.5 的 NS 图

【C 语言代码】

```
#include<stdio.h>
int main()
{
    int x;
    scanf("%d",&x);
    if(x>=70&&x<90)
        if(x<80)
            printf("中等");
        else
            printf("良好");
    else
        if(x>=60&&x<70)
            printf("及格");
        else
            if(x<60)
                printf("不及格");
            else
                printf("优秀");
    return 0;
}
```

4.9　项目拓展

在对学生成绩的统计过程中,通常有定量和定性分析两种,其中定性分析必须对数据进行分类。

从键盘输入一个学生的学号和 5 门课程成绩,输出学生的各科成绩和总分,统计成绩合格的课程数。

```
#include<stdio.h>
int main()
```

```
    {
        int xh；
        int cj1，cj2，cj3，cj4，cj5，zf；
        int hg＝0；    //合格的课程数

        printf("输入学生学号:");
        scanf("%d",&xh);
        printf("输入学生 5 门课程成绩,各成绩之间用空格分隔:");
        scanf("%d%d%d%d%d",&cj1,&cj2,&cj3,&cj4,&cj5);

        zf＝cj1＋cj2＋cj3＋cj4＋cj5；
        if(cj1>=60)hg++；
        if(cj2>=60)hg++；
        if(cj3>=60)hg++；
        if(cj4>=60)hg++；
        if(cj5>=60)hg++；

        printf("学生学号:%d\n",xh);
        printf("5 门课程成绩:%d %d %d %d %d\n",cj1,cj2,cj3,cj4,cj5);
        printf("总分为:%d\n",zf);
        printf("成绩合格的课程数:%d\n",hg);
        return 0；
    }
```

输入学生学号:16,输入学生 5 门课程成绩,各成绩之间用空格分隔:55 89 78 85 88

程序运行结果:

学生学号:16

5 门课程成绩:55 89 78 85 88

总分为:395

成绩合格的课程数:4

练　习　题

4.1　根据下面条件写出程序表达式。

(1) 三角形两边之和大于第三边,两边之差小于第三边。

(2) a 和 b 不同时为零。

(3) a 等于零或 b 等于零,但不同时等于零。

(4) 字符 ch 为大写字母或小写字母。

4.2　设 a＝3、b＝9、c＝4,计算下列表达式的值。

(1) a＋b＞c && b＝＝c。

(2) a+b>c && a+c>b && b+c>a。

(3) a+b>c && a-b<c。

(4) ! (a<b) || a+c>b。

4.3 编写程序,完成如下功能:输入一个整数,如果这个整数既能被 5 整除又能被 7 整除,则输出"yes",否则输出"no"。请按照给定提示,在相应位置处写上完整的 C 语句。

```
#include "stdio.h"
int main()
{
    _____    /* 定义一个整型变量 */
    _____    /* 用 scanf 输入一个整数 */
    _____    /* 如果这个整数既能被 5 整除又能被 7 整除,整除
                              即两数相除余数为 0,注意用逻辑与 */
    _____    /* 输出 yes */
    _____    /* 否则 */
    _____    /* 输出 no */
    return 0;
}
```

4.4 写出下面程序运行结果。

```
(1) #include <stdio.h>
    int main()
    {
        int a=3,b=4,s;
        s=a;
        if(a<b)
        s=b;
        s=s*s;
        printf("%d\n",s);
        return 0;
    }
```

```
(2) #include <stdio.h>
    int main()
    {
        int a=4,b=3,c=2;
        if(a>b)
          if(b<c)
            printf("11111\n");
          else
          printf("22222\n");
```

```
            else
                printf("33333\n");
            printf("44444\n");
            return 0;
        }
```
(3) #include <stdio.h>
```
    int main()
    {
        char ch;
        scanf("%c",&ch);
        ch=ch>='a'&&ch<='z'? ch-32:ch;
        printf("%c\n",ch);
        return 0;
    }
```
输入数据分别为字符 a 和 B。

(4) #include <stdio.h>
```
    int main()
    {
        int a=3,b=5;
        if(a<b)
        printf("#####\n");
        printf("*****\n");
        if(a>b)
        printf("#####\n");
        printf("*****\n");
        if(a==b);
        printf("#####\n");
        printf("*****\n");
        return 0;
    }
```
(5) #include <stdio.h>
```
    int main()
    {
        int a=2,b=-1,c=2;
        if(a<b)
        if(b<0)
        c=0;
        else
        c=c+1;
```

```
        printf("%d\n",c);
        return 0;
    }
```

4.5 编写程序,输入一个整数,判断它是奇数还是偶数。

4.6 编写程序,输入三个数 a、b 和 c,输出最大数。

4.7 编写程序,计算分段函数

$$y = \begin{cases} x+1 & (-10 < x < 0) \\ x-1 & (x=0) \\ 2x+1 & (0 < x < 10) \end{cases}$$

4.8 输入整数 x、y 和 z,若 $x^2 + y^2 + z^2$ 大于 1000,则输出 $x^2 + y^2 + z^2$ 的值,否则输出 $x+y+z$ 的值。

4.9 编写程序,输入一个整数,输出星期几字符信息。如输入 0,则输出"星期日"字符串(或使用英文或汉语拼音)。

第 5 章　迭代计算与循环结构

5.1　概述

迭代是重复反馈过程的活动,其目的通常是为了逼近所需目标或结果。每一次对过程的重复称为一次迭代,而每一次迭代得到的结果会作为下一次迭代的初始值。

迭代需要在分析、综合、比较的基础上,抽取同类事物共同的、本质的特征而舍弃非本质特征,然后把事物的共同点、本质特征综合起来。

迭代的方法常常在解决现实问题中使用,如某些企业研发新产品,通常的做法是生产出具有基本功能的产品后,快速投向市场,然后通过用户的反馈,多次对产品在功能上、质量上进一步完善、升级,逐渐逼近客户的要求。在数值计算中,也会使用这种方法,比如用二分法解方程、方程组求解和矩阵求特征值等。

在 C 语言程序设计中,对于需要重复执行的操作应该采用循环结构来完成,利用循环结构处理各类重复操作既简单又方便。

循环问题的解决,需要明确两部分内容,即确定需要重复执行的操作(循环体),和循环(迭代)次数的控制,迭代次数控制通常需要一个或几个变量(循环控制变量)表示问题的初始状态,然后在循环体中逐次调整改动,逐渐逼近问题的完成状态,当达到完成状态时循环结束。如控制某循环体执行 10 次,可设置一个变量,使其初始值为 1,在每次循环体执行过程中,该变量自增 1,向 10 逼近,直到该变量值大于 10 时结束循环。

根据循环条件判断与循环体相互位置,可分为前测试(循环条件判断在循环体之前)与后测试(循环条件判断在循环体之后)两种循环结构。这两种结构,根据表达式的判断结果,前测试结构可能出现循环体执行次数为 0 的情况,而后测试结构中循环体语句执行的次数至少为 1。

5.2　goto 语句

goto 语句是无条件转移语句,能够使流程转移到相应标签所在的语句,并从该语句继续执行,其一般格式为:

goto 标签;

为了构成循环结构,通常需要执行有条件的 goto 语句,如循环条件判断在循环体之前的前测试结构:

标签:

if〈条件〉

　　〔重复的语句段；

　　goto 标签；

　　〕

循环条件判断在循环体之后的后测试结构：

　　标签：

　　重复的语句段；

　　if(条件)

　　goto 标签；

由于 goto 语句属于非结构化语句，会使程序结构性和可读性变差，要尽量避免使用 goto语句。

5.3　while 语句

while 循环语句属于前测试结构循环，语句的一般形式为：

　　while(表达式)

　　　　循环语句

语句功能：当表达式成立时(非零值)，执行循环语句，否则结束循环。循环语句是 while 的内嵌语句，只能是一条语句。如果循环体是多条语句，必须使用花括号构成一条复合语句。语句执行的过程如图 5-1 所示。

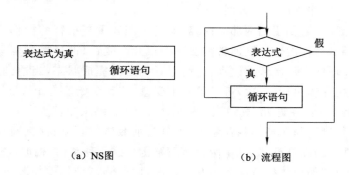

（a）NS图　　　　　　　　　　（b）流程图

图 5-1while 语句执行过程

5.4　do~while 语句

do~while 循环语句属于后测试结构循环，语句一般形式为：

　　do

　　{

　　　　循环体语句

　　}while(表达式)；

语句功能：语句执行的过程如图 5-2 所示，执行循环语句时，当表达式成立时(非零值)，继续执行下一轮次的循环体，否则结束循环。

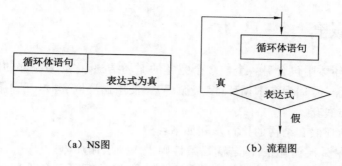

（a）NS图　　　　　　　　　　（b）流程图

图 5-2　do～while 语句执行过程

5.5　for 语句

对于固定次数的循环，使用 for 循环语句非常方便，for 循环属于前测试结构循环。for 循环的一般格式为：

　　for（表达式 1；表达式 2；表达式 3）

　　　　循环体语句

说明如下：

（1）表达式 1 一般完成循环的初始化操作，表达式 1 是最先被执行的表达式，只在循环最开始时执行一次，以后不再被执行。

（2）每次执行循环体之前，都要对表达式 2 进行计算。如果表达式 2 为非零值（成立），则执行循环体，否则将结束循环。表达式 2 通常是一个关系表达式或逻辑表达式。

（3）每执行一次循环体后，再计算表达式 3，用于改变循环控制条件。

（4）循环体语句是一条单语句，或者是一条复合语句。

（5）for()括号内必须有两个分号，程序编译时将根据两个分号的位置来确定三个表达式。

语句执行过程如图 5-3 所示。

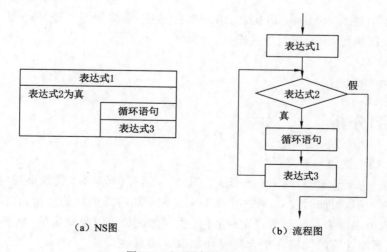

（a）NS图　　　　　　　　　　（b）流程图

图 5-3　for 语句执行过程

5.6　循环嵌套

如果一个循环体中包含另一个或多个完整的循环结构,称此为循环的嵌套,内嵌的循环体中还可以嵌套循环,称为多重循环(多层循环)。使用循环嵌套时,三种循环语句可以自身嵌套,也可以互相嵌套。

例如:两层循环嵌套结构的执行步骤如下:

(1) 先判断最外层循环条件,若满足条件则进入外层循环体;

(2) 在外层循环体中,执行到内层循环语句时,进行内层循环条件判断,若条件为真,进入内层循环体,若有更多层的循环体嵌套,依照上述方法依次判断是否进入循环体;

(3) 内层循环结构结束后,再执行外循环体操作;

(4) 当外层循环条件为假时,退出嵌套循环操作。

多重循环中,内外层循环控制变量不能相混,否则会影响循环体执行的次数。

5.7　跳转控制语句

在循环问题的解决过程,可能会出现当某种条件成立时提前结束整个循环结构,或循环体语句未全部执行完就结束本轮次循环体的执行,而转到下一轮次循环体的执行过程。

5.7.1　break 语句

break 语句不仅可以结束 switch 结构,也可以出现在三种循环语句的循环体当中,使循环结束,如果在多层循环体中使用 break 语句,只结束本层循环。

一般格式为:

    break;

5.7.2　continue 语句

在循环体中遇到 continue 语句,则结束本次循环,继续下一次循环。即 continue 语句后面的语句不被执行,但不影响下次循环。

一般格式为:

    continue;

5.8　案例分析

【案例 5.1】　累加与累乘。

一般采用 s=s+x 或 s=s*x 的形式。其中,s 是存储累加和或累乘积的变量,在执行循环之前先赋初值,累加时置 0,累乘时置 1;x 是表示加数或乘数的变量,在循环体执行时,由键盘输入或由递增表达式计算产生;循环体执行的次数可以是固定的,也可以由 s 和 x 变量的值决定;累加计算的关键在于合理设计加数 x 的表达式。

如:计算从键盘输入的 10 个整数的累加和。

【问题分析】

该问题的循环体由两条语句构成,从键盘输入整数和将整数相加。循环体重复执行 10 次。

变量定义:定义三个变量 s、i、x。s 用于存储 10 个数之和;x 用于存储从键盘输入的整数;i 用于控制循环体执行 10 次(初始值为 1,循环条件是小于等于 10,每次循环体执行后自增 1)。

用 NS 图描述算法,如图 5-4 所示。

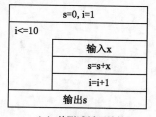

　　(a) 前测试循环结构　　　　　　　　(b) 后测试循环结构

图 5-4　案例 5.1 的 NS 图

【C 语言代码 1】　用 while 语句构成循环结构

```c
#include<stdio.h>
int main()
{
    ints,i,x;
    s=0;
    i=1;
    while(i<=10)
    {   scanf("%d",&x);
        s=s+x;
        i =i+1;
    }
    printf("s=%d\n",s);
    return 0;
}
```

【C 语言代码 2】　用 for 语句构成循环结构

```c
#include<stdio.h>
int main()
{
    int s,i,x;
    s=0;
    for(i=1;i<=10;i++)
    {   scanf("%d",&x);
```

```
            s＝s＋x;
        }
        printf("s＝%d\n",s);
        return 0;
    }
```

【C 语言代码 3】 后测试循环结构

```
#include<stdio. h>
int main()
{
    int s,i,x;
    s＝0;
    i＝1;
    do
    {   scanf("%d",&x);
        s＝s＋x;
        i++;
    } while(i<=10);
    printf("s＝%d\n",s);
    return 0;
}
```

若加数 x 是由循环控制变量 i 与其他常量构成的表达式,则可实现有规律数的相加。如下程序的功能是计算 1～10 相加。

【C 语言代码 4】

```
#include<stdio. h>
int main()
{
    int s,i,x;
    s＝0;
    for(i＝1;i<=10;i++)
    {
        s＝s＋i;
    }
    printf("s＝%d\n",s);
    return 0;
}
```

若求前 10 个奇数之和,只需将"i++;"改为"i＝i＋2;",循环条件改为"i<=20;",或只需将"s＝s＋i;"改为"s＝s＋(2 * i－1);"即可。

【案例 5.2】 穷举。

穷举,把所有可能的问题的解按顺序一一列举出来,并逐一分析、判断、处理,找出满足问题要求的全部解或一部分解,这是一种效率较低的处理方法,然而对一些无法用解析法求解的问题往往能奏效,通常采用循环来处理穷举问题。

如:输入任意一个正整数,判断是否是质数(素数)。

【问题分析】

根据数学定义,质数是指只能被 1 和本身整除的数。判断一个数 n 是否为质数,只需判断从 2 至 n−1(其实判断到 n 的平方根即可)之间有无整数 n 的因数,判断的方法可以统计因数的个数、设置标志变量或发现因数就结束循环等。

如用统计因数的个数的方法,则需定义三个变量 n、i、s。其中 s 用于统计因数的个数;n 用于存储从键盘输入的整数;i 穷举所有可能的因数;i 用于控制循环体执行 n−2 次(初始值为 2,循环条件是小于 n,每次循环体执行后自增 1)。

用 NS 图描述如图 5-5 所示。

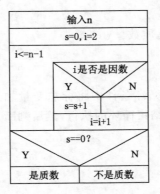

图 5-5　案例 5.2 的 NS 图

【C 语言代码 1】

```c
#include<stdio.h>
int main()
{
    int n,s,i;
    scanf("%d",&n);
    s=0;
    for(i=2;i<n;i++)
        if(n%i==0)s=s+1;
    if(s==0)
        printf("是质数! \n");
    else
        printf("不是质数! \n");
    return 0;
}
```

上面程序可将 s 设置为标志变量,初始值为 0,在循环体中若有 n 的因数,则置 1。循环结束后,根据 s 的值判断有无因数,进而判断 n 是否是质数。

【C 语言代码 2】

```
# include<stdio. h>
int main()
{
    int n,s,i;
    scanf("%d",&n);
    s=0;
    for(i=2;i<n;i++)
        if(n%i==0)s=1;
    if(s==0)
        printf("是质数！\n");
    else
        printf("不是质数！\n");
    return 0;
}
```

为提高程序执行效率,可在循环条件中将标志变量加入判断:i<n&&s==0,也可以在遇到因数后,使用 break 语句结束循环的执行,然后判断 i 的值是否执行到 n—1。

【C 语言代码 3】

```
# include<stdio. h>
int main()
{
    int n, i;
    scanf("%d",&n);
    s=0;
    for(i=2;i<n;i++)
        if(n%i==0)break;
    if(i>=n)
        printf("是质数！\n");
    else
        printf("不是质数！\n");
    return 0;
}
```

【案例 5.3】 迭代。

迭代又称为递推,即将一个复杂的计算过程转化为简单过程的重复。每次的重复都是在已知数据的基础上递推出新结果,这一新结果又成为下一次重复的已知数据,直到迭代次数完成或得到需要的结果。

如现实中,在科学、艺术、建筑、技术等领域广泛使用的黄金分割比例系数,将一根木棍分成两段,如果前段长度与后段长度的比例等于后段长度与总长度的比例,则该比例系数为黄金分割比例系数。可利用 Fibonacci 数列(1,1,2,3,5,8,13,…)中的前一项数值除以后一项数值,得到黄金分割比例的近似值。

【问题分析】

观察发现,Fibonacci 数列中的数据有如下特征:从第 3 个数开始,每个数值都等于它前两个数值之和。

已知数据:f1=1,f2=1,由此 f3=f1+f2=2,下次计算时,用 f2 和 f3 的值作为新的已知数据 f1=1,f2=2,进而求出新的 f3,依次迭代下去。

输出 Fibonacci 数列前 20 项,并求黄金比例的 NS 图如图 5-6 所示。使用变量 f1、f2、f3、i,f1 与 f2 为已知的数列项值,f3 是由已知的前两项相加得到的新数列项的值,i 控制循环 18 次。

图 5-6　案例 5.3 的 NS 图

【C 语言代码】

```c
#include<stdio.h>
int main()
{
    int f1,f2,f3,i;
    f1=1;
    f2=1;
    printf("%10d %10d ",f1,f2);
    for(i=3;i<=20;i++)
    {
        f3=f1+f2;
        printf("%10d ",f3);
        if(i%5==0)printf("\n");
        f1=f2;
        f2=f3;
    }
    printf("%.10lf\n",(double)f1/f2);
    return 0;
}
```

程序运行结果:

1	1	2	3	5
8	13	21	34	55
89	144	233	377	610
987	1597	2584	4181	6765

0.618 033 998 5

循环体中"if(i%5==0)printf("\n");"语句的作用是每行输出 5 个数据项,语句 "printf("%10d ",f3);"中%10d 表示一个整数在输出时占 10 个字符的位置,语句"printf ("%.10lf\n",(double)f1/f2);"中%.10lf 表示输出的实数精确到小数点后 10 位。

【案例 5.4】 多重循环 1。

在穷举时,如果涉及多个变量值的时候,需使用多重循环(循环嵌套)结构解决。

在进行多重循环结构程序设计时,内外层循环的循环控制变量尽可能不要混淆,否则会对程序的执行结果有很大影响。

如:在屏幕上输出九九乘法表。

【问题分析】

九九乘法表,输出结果为两个 1 位数相乘的值,两个乘数都是 1~9 的有序变化,因此,共需执行 81 次输出语句。这 81 个输出分为 9 行 9 列。

9 行中,分别为第 1 至第 9 行(外层循环),用行号的值表示其中的一个乘数;在每一行中,另一个乘数也会从 1 变化到 9(内层循环),这样就构成了多重循环的程序结构。内层循环的循环体是输出两数相乘的结果。

每行结束时,还需要有换行符的输出。

NS 图描述如图 5-7 所示,定义两个整型变量 x、y,分别代表第一个和第二个乘数。

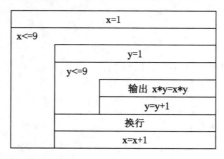

图 5-7 案例 5.4 的 NS 图

【C 语言代码】

```
#include<stdio.h>
int main()
{
    int x,y;
    for(x=1;x<=9;x++)
    {
```

```
        for(y=1;y<=9;y++)
            printf("%d*%d=%-2d  ",x,y,x*y);
        printf("\n");
    }
    return 0;
}
```

程序运行结果：

1*1=1	1*2=2	1*3=3	1*4=4	1*5=5	1*6=6	1*7=7	1*8=8	1*9=9
2*1=2	2*2=4	2*3=6	2*4=8	2*5=10	2*6=12	2*7=14	2*8=16	2*9=18
3*1=3	3*2=6	3*3=9	3*4=12	3*5=15	3*6=18	3*7=21	3*8=24	3*9=27
4*1=4	4*2=8	4*3=12	4*4=16	4*5=20	4*6=24	4*7=28	4*8=32	4*9=36
5*1=5	5*2=10	5*3=15	5*4=20	5*5=25	5*6=30	5*7=35	5*8=40	5*9=45
6*1=6	6*2=12	6*3=18	6*4=24	6*5=30	6*6=36	6*7=42	6*8=48	6*9=54
7*1=7	7*2=14	7*3=21	7*4=28	7*5=35	7*6=42	7*7=49	7*8=56	7*9=63
8*1=8	8*2=16	8*3=24	8*4=32	8*5=40	8*6=48	8*7=56	8*8=64	8*9=72
9*1=9	9*2=18	9*3=27	9*4=36	9*5=45	9*6=54	9*7=63	9*8=72	9*9=81

上面程序是输出 9 行,每行有 9 个输出项,与传统九九乘法表不完全一致,为此可更改程序,实现第 1 行有一个输出项,第 2 行有两个输出项,…,第 9 行有九个输出项,需调整内层循环的循环次数不是固定的值 9,而是与所在的行数相关,即 for(y=1;y<=x;y++)。

【案例 5.5】 多重循环 2。

在进行多重循环结构的程序设计时,外循环的循环体内可以有多个按顺序执行的完整循环结构。

如:在屏幕上输出由符号构成的图形,如输出四行的图形为:

```
       *
     * * *
   * * * * *
 * * * * * * *
```

【问题分析】

这个问题从整体上分为 4 行,每行的结果不同,但每行输出的内容是有规律个数的空格、有规律个数的星号(*)和一个换行。

对输出 4 行的图形分析,每行空格的个数分别为 3(第 1 行)、2(第 2 行)、1(第 3 行)、0(第 4 行),即第 i 行空格的个数为 4−i;每行星号的个数分别为 1(第 1 行)、3(第 2 行)、5(第 3 行)、7(第 4 行),即第 i 行空格的个数为 2*i−1。

可以用一个变量 i 控制输出 1 至 4 行,每行中用另一变量 j 控制输出 1 至 4−i 个空格,然后可以仍然使用变量 j 控制输出 1 至 2*i−1 个星形符号,每行最后是换行符。

NS 图描述如图 5-8 所示,定义两个整型变量 x、y,分别代表第一个和第二个乘数。

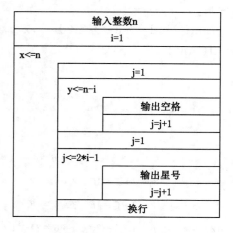

图 5-8 案例 5.5 的 NS 图

【C 语言代码】

```
#include<stdio.h>
int main()
{
    int i,j,n;
    scanf("%d",&n);
    for(i=1;i<=n;i++)
    {
        for(j=1;j<=n-i;j++)
            printf(" ");
        for(j=1;j<=2*i-1;j++)
            printf(" * ");
        printf("\n");
    }
    return 0;
}
```

程序运行结果：

输入:5

输出：

```
        *
      * * *
    * * * * *
  * * * * * * *
```

5.9　项目拓展

在一般的管理系统中,通常涉及的数据比较多,经常会对同类操作执行多次,所以循环结构在系统中必不可少。

从键盘输入多个学生的学号和 5 门课程成绩,输出学生的各科成绩和总分,统计成绩合格的课程数,输入学号为零或负数时结束。

```c
#include<stdio.h>
int main()
{
    int xh;
    int cj1,cj2,cj3,cj4,cj5,zf;
    int hg;     //合格的课程数

    printf("输入学生学号:");
    scanf("%d",&xh);
    while(xh>0)
    {
        hg=0;
        printf("输入学生5门课程成绩,各成绩之间用空格分隔:");
        scanf("%d%d%d%d%d",&cj1,&cj2,&cj3,&cj4,&cj5);

        zf=cj1+cj2+cj3+cj4+cj5;
        if(cj1>=60)hg++;
        if(cj2>=60)hg++;
        if(cj3>=60)hg++;
        if(cj4>=60)hg++;
        if(cj5>=60)hg++;

        printf("学生学号:%d\n",xh);
        printf("5门课程成绩:%d %d %d %d %d\n",cj1,cj2,cj3,cj4,cj5);
        printf("总分为:%d\n",zf);
        printf("成绩合格的课程数:%d\n",hg);

        printf("输入学生学号:");
        scanf("%d",&xh);
    }
    return 0;
}
```

运行程序:

    输入学生学号:<u>12</u> 输入学生 5 门课程成绩,各成绩之间用空格分隔:<u>96 98 89 75 62</u>

    学生学号:12

    5 门课程成绩:96 98 89 75 62

    总分为:420

    成绩合格的课程数:5

    输入学生学号:<u>23</u> 输入学生 5 门课程成绩,各成绩之间用空格分隔:<u>55 65 74 78 85</u>

    学生学号:23

    5 门课程成绩:55 65 74 78 85

    总分为:357

    成绩合格的课程数:4

    输入学生学号:<u>—5</u>

练 习 题

5.1 写出下面程序段的输出结果。

```
int k,n,m;
n=10;m=1;k=1;
while(k++<=n)
  m*=2;
printf("%d\n",m);
```

5.2 分析下面程序的输出结果。

```
#include "stdio.h"
int main()
{
    int x=2;
    while(x--);
    printf("%d\n",x);
    return 0;
}
```

5.3 执行程序时,若输入的数据为—5,写出程序的输出结果。

```
#include "stdio.h"
int main()
{
    int s=0,a=1,n;
    scanf("%d",&n);
    do
```

```
        {
            s+=1;
            a=a-2;
        }
    while(a! =n);
    printf("%d\n",s);
    return 0;
}
```

5.4　在 3～100 之间所有 3 的倍数中,输出个位数为 3 的数。请根据语句后注释将程序补充完整。

```
#include "stdio. h"
int main()
{
    int i;
        for(i=3;i<100;i=i+3)    /* i 从 3 开始,每循环一次增加 3 */
            if(_____)     /* i%10 的值是 i 的个位数 */
                printf("%4d",i);    /* 按 4 个字符位右对齐方式输出 */
        return 0;
}
```

5.5　在两行上分别按顺序和逆序输出 26 个英文大写字母。请将程序补充完整。

程序分析:在 C 语言中,字符以其 ASCII 代码值按整型规则参与运算。由于在 ASCII 码表中,字母按 A 到 Z 的顺序排列,因此可以使用循环结构,通过字母 A 计算 26 个字母(即 "A"+i,i=0,1,2,……,25)。

```
#include "stdio. h"
int main()
{
    int i;
    printf("\n");
    for(i=0;i<=25;i++)
        printf("%c",_____);
    printf("\n");
    for(i=25;_____;i--)
        printf("%c",_____);
    return 0;
}
```

5.6　计算级数和 $1/(1*3)+2/(3*5)+3/(5*7)+....+n/((2*n-1)*(2*n+1))$。

5.7　计算级数和 $1+2! +3! +4! +5!$。

5.8　编写程序,输出下面图形。

```
1 1 1 1 1 1
2 2 2 2 2 2
3 3 3 3 3 3
4 4 4 4 4 4
5 5 5 5 5 5
```

5.9 找出 1000 以内的所有完数。如果一个数的各因子之和等于该数本身,称其为完数。例如:6 的因子是 1,2,3,而 6=1+2+3,所以 6 是完数。28 也是完数,28=1+2+4+7+14。

5.10 从键盘输入 n(n>0)个数,求它们的和并输出。

第 6 章　批量数据处理与数组

6.1　概述

现实中有许多需要大量数据的存储与计算方面的问题,如统计一个班级几十名学生的某门课程的成绩高于平均成绩的人数、无人快递服务中规划投递路线时需存储城市中各建筑物的坐标点、制作全国各大城市某项指标气泡图时需记录大量三维数据等,如果用前面的简单变量解决这些问题,不仅定义变量名字麻烦,运算处理也将十分困难。

在 C 语言中,可以使用数组变量解决上面问题,数组属于构造数据类型。数组是在程序设计中,为了处理大量数据,把个数固定的具有相同类型的元素按有序的形式组织起来的一种数据类型。数组名是多个类型相同的变量的集合名称,组成数组的各个变量称为数组的元素,有时也称为下标变量。数组中的各元素的存储是有先后顺序的,它们在内存中按照先后顺序连续存放在一起,数组元素用数组的名字和它自己在数组中的顺序位置(下标)来表示。

引入数组,在处理大量数据时,就可以用相同名字定义大量同类型变量,并用数值来识别每一个变量,利用下标值设计循环结构,可以缩短和简化程序,对大量数据进行高效处理。

与数组相关的操作主要有大量数据的输入、向有序的数据序列中插入数据、从数组中删除某数据、数据的排序、数据的查找等。

6.2　一维数组

一维数组是具有一个下标的数组,通常用于表示由固定个数的多个同类型的有序数据所构成的复合数据,如向量、某个学生的各门课成绩、学生的姓名表等。

6.2.1　一维数组定义

数组的使用同使用简单变量一样,要预先定义,数组的定义需要确定这组数据的名称、元素的数据类型,还要确定数组中元素的个数,一般格式如下:

　　　　数据类型说明符　　数组名[常量表达式];

例如,要处理 10 个整数,则要定义一个元素个数为 10 的整数数组,并为数组命名(假定名称为 a),则定义声明语句为:

　　　　int a[10];

数组名的命名规则要遵循标识符命名规则。方括号中的常量表达式表示数组元素的个数,也称为数组的长度。

6.2.2　一维数组初始化

数组的初始化就是在定义数组的同时,给部分或全部元素赋值,一维数组初始化的格式是:

　　　　数据类型说明符　数组名[常量表达式]={初值表};

其中,初值表用一对花括号括起,每个初始值之间用逗号隔开。

例如,定义一个元素个数为 10、名称为 a 的整数数组,并为其初始化:

　　　　int a[10]={60,77,93,76,88, 95,80,69,82,90};

如果对所有数组元素赋初值,可以缺省指定数组大小,上面的定义可以写成:

　　　　int a[ ]={ 60,77,93,76,88, 95,80,69,82,90};

可以为数组前面部分元素赋初值,但数组大小必须指定,如:

　　　　int a[10]={ 60,77,93,76,88};

后面 5 个没有赋初值的数组元素的值自动置零。

如果想使一个数组中全部元素值为 0,可以写成:

　　　　int a[10]={0,0,0,0,0,0,0,0,0,0};或 int a[10]={0};

6.2.3　一维数组引用

数组元素是组成数组的基本单元,数据是存储在数组元素之内的,所以对"数组引用",本质上是对数组元素的引用。数组元素也是一种变量,在对数组定义时,已完成对此类变量的定义,数组元素的标识方法为数组名后跟一个下标,下标表示了元素在数组中的顺序号,下标只能为整型常量、整型变量、整型表达式或等效于整型的表达式,在 C 语言中,最小的下标值从 0 开始。

如下定义了有 10 个元素的一维数组 a,并对其初始化,又定义一整型数量 i,赋初值为 2,则对应数组元素的表示与值分别为:

　　　　int a[10]={ 60,77,93,76,88, 95,80,69,82,90};

　　　　int i=2;

　　　　a[0]的值等于 60,a[1]的值等于 77,a[2]的值等于 93,……,a[9]的值等于 90。

　　　　a[i]的值等于 93,a[i+7]的值等于 90,a['c'-'b']的值等于 77。

6.2.4　一维数组应用

在用数组解决问题时,与使用简单变量一样,对数组元素(下标变量)做格式化输入、作为表达式的一部分参与运算以及格式化输出等。

数组元素数目较大,常常使用循环程序结构,一般做法是:定义整型变量,以其值作为数组元素的下标,通过循环结构使下标有规律地变化,再结合数组名称,即可对大量数组元素进行操作,大大提高程序设计的效率。

如定义有 10 个元素的一维数组 a,定义一个整型数量 i,借助 for 循环将 10 个整数"写"入下标变量之中:再借助另一个 for 循环将 10 个数组元素"读"出来,显示到屏幕上,多个显示的数值常常用空格等字符分隔。

　　　　int a[10], i;

```
for(i=0;i<10;i++)
    scanf("%d",&a[i]);
for(i=0;i<10;i++)
    printf("%d ",a[i]);
```

6.3　二维数组

一维数组是具有一个下标的数组,表示一维的数据,如某学生的各门课程的成绩,而现实问题中经常遇到二维数据,如矩阵、多名学生的各门课程成绩等。数据的分布不是排列在一条线段上,而是分布在由行与列组成的平面上。

二维数组本质上是以数组作为数组元素的数组,即可以把二维数组看作一维数组,其每个数组元素又是一个一维数组。

二维数组元素在内存中按"行"连续存储。

6.3.1　二维数组定义

二维数组的定义需要确定这组二维数据所共用的名称、各元素的数据类型,数据元素排列的行数与列数,一般格式如下:

数据类型说明符　数组名[常量表达式 1][常量表达式 2];

例如,要处理 6 个排列形式为 2 行 3 列的整数,并为数组命名(假定名称为 a),则定义声明语句为:

int a[2][3];

常量表达式 1 表示数组行数,常量表达式 2 表示数组列数。

6.3.2 二维数组初始化

二维数组也可以在定义的同时为部分或全部数组元素赋初值,二维数组初始化的格式是:

数据类型说明符　数组名[常量表达式 1][常量表达式 2]={初值表};

在初值表中的花括号内,可以一组花括号括起各行所包含的数值,花括号之间用逗号分隔;也可以像一维数组那样,在一个花括号内书写元素值,系统将根据列数(常量表达式 2 的值)自动分组。

例如,定义名称为 a 的 2 行 3 列的二维整数数组,并为其初始化:

int a[2][3]={{1,2,3},{4,5,6}};

也可以写成:

int a[2][3]={1,2,3,4,5,6};

定义二维数组时,行数的常量表达式 1 可以省略,但常量表达式 2 不能省略,如:

int a[ ][3]={{1,2,3},{4,5,6}};

可以给部分元素赋初值:

int a[2][3]={{1,2},{4,5}};等效于 int a[2][3]={{1,2,0},{4,5,0}};

int a[ ][3]={1,2,3,4};等效于 int a[2][3]={{1,2,3},{4,0,0}};

如果想使一个数组中全部元素值为0,可以写成:

    int a[2][3]={0};

6.3.3　二维数组引用

对二维数组元素的引用,同样根据二维数组名称和下标确定数组元素,与一维数组不同,其下标有行下标和列下标之分,行下标表示该元素所处的行数(从 0 开始计数),列下标表示元素所处的列数(也从 0 开始计数),下标只能为整型常量、整型变量、整型表达式或等效于整型的表达式。

如:定义 2 行 3 列的整型数组 a,并对其初始化:

    int a[2][3]={{1,2,3},{4,5,6}};

则对应 6 个元素分别为:

    a[0][0]=1;a[0][1]=2;a[0][2]=3;a[1][0]=4;a[1][1]=5;a[1][2]=6;

6.3.4　二维数组应用

在解决二维数据问题时,同样涉及对二维数组元素做格式化输入、作为表达式的一部分参与运算以及格式化输出等操作。

在实际处理中,常常采用两层循环(循环嵌套)程序结构,一般做法是:定义两个整型变量,分别表示二维数组元素的行下标和列下标,通过循环嵌套使下标有规律地变化,实现二维数据按行或按列操作。

如定义 2 行 3 列的整型数组 a,定义两个整型数量 i 和 j,借助外层 for 循环控制行数从 0 变化到 1,在内层循环用 for 控制列数从 0 变化到 2,这样就可以访问到 a 数组中的所有元素。在输出显示时,不仅要考虑到一行内数据间的分隔,同时也要考虑到行与行之间的分隔(在每行结束的后面输出换行符号)。

```
int a[2][3], i,j;
for(i=0;i<2;i++)
   for(j=0;j<3;j++)
      scanf("%d",& a[i][j]);

for(i=0;i<2;i++)
{
    for(j=0;j<3;j++)
        printf("%d ",a[i]);
    printf("\n");
}
```

6.4　字符数组与字符串

随着计算机在人类生活中的普及应用,计算机不仅仅用于解决数值计算类问题,对于符号的处理,甚至对汉字的处理问题逐渐增多,如对多人的姓名排序、从商品库中查找某商品的位置等问题。

大量字符在计算机内存储与表示需使用字符数组。

6.4.1　字符数组

字符数组就是数据类型为 char 的数组,即该数组各数组元素存放的是字符型数据。

定义一维字符数组的一般形式为:

char 数组名[常量表达式];

常量表达式的值规定数组可以存放字符的个数(数组元素的个数),一个一维字符数组通常存放一行多个字符,如一名学生的姓名(由最多 10 个符号组成),由于一个汉字在内存占两个字节,所以如果定义的字符数组中包含汉字,一个汉字需定义两个字符的宽度。

char name [10];

如果要存放多行字符,如 5 名学生的姓名,应该使用二维数组。

char name[5][10];

在定义字符型数组的同时允许对数组元素赋初值,如:

char name [10]={'W', 'a', 'n','g'};

char name[3][10]={{'x','i','a','o','m','i','n','g'},{'z','h','a','n','g'},
{'J','e','a','n','n','e','t','t','e'}};

在初始化时,花括弧中提供的初值个数(即字符个数)不应大于数组长度,否则会出现语法错误。如果初值个数小于数组长度,则只将这些字符赋给数组中前面那些元素,其余的元素自动定为空字符(即'\0'),另外字符数组初始化时,初始字符中可包含转义字符,如'\n'、'\t'等。

字符型数组的输入、输出与整型数组的操作是一致的,都可以通过循环、赋值等方式完成输入,通过输出语句完成输出。

6.4.2　字符串

为了操作方便,在初始化时,可以直接使用字符串赋初值,字符串是用双引号引起来的一串符号,字符串的结束标志是"空"字符,即'\0'或 0。由于字符串有结束标志,在初始化时它也会占用字符数组的一个字符位置。如上述初始化可写成:

char name [10]= "Wang" ;

char name[3][10]={ "xiaoming", "zhang", "Jeannette"};

字符型数组的输入与输出,也可用标准格式化输入输出函数,其格式控制符为%s,如定义存放 10 个字符 name 字符数组:

char name [10];

从键盘输入字符串存入字符数组中的操作为:

scanf("%s",name);

数组名前不要加取地址符号 &,在键盘输入时不输入转义字符,以空格和回车符表示输入数据的间隔与结束。

将 name 数组内容显示输出时,遇到字符串结束标志时结束输出。如:

char name [10]= "Wang\0gang";

```
printf("%s\n",name);   输出结束为 Wang
```

在输入字符串时,也可以使用专门的字符串输入输出函数 gets()和 puts()来完成,后面接着介绍常用字符串处理函数。

6.5 字符串处理函数

在对字符串进行处理时,在定义足够宽度字符数组的基础上,利用一般方法的循环结构对每一个字符数组元素进行繁杂读写操作,C 语言提供了专门处理字符的函数,可提高程序设计的效率,也大大提高了程序的可读性。

使用字符串处理函数,必须包含头文件名 string.h。

6.5.1 统计字符串长度函数

字符串长度,即字符串中包含的字符个数,字符串结束标志′\0′不计算在长度之内,一个汉字的长度值为 2。

strlen 函数的调用形式如下:

```
strlen(s)
```

该函数的参数为字符数组或字符串常量。

如以下程序段:

```
char name1 [10]= "Wang\0gang";
char name2[10]= "Wanggang";
printf("%d %d %d\n",strlen(name1),strlen(name2),strlen("abcde"));
```

运行结果为:

```
4 8 5
```

6.5.2 字符串输入输出函数

字符串输入函数为 gets(),括号内的参数为字符数组名,函数的调用形式如下:

```
gets(s);
```

如定义 name 字符数组,通过键盘向字符数组中输入字符串:

```
char name [10];
gets(name);
```

字符串输出函数为 puts(),括号内的参数为字符数组名,函数的调用形式如下:

```
puts(s);
```

如有已被赋值 name 的字符数组,则通过屏幕输出字符数组中的字符串为:

```
puts(name);
```

在函数使用时,用 gets()函数接收从键盘输入的字符串,接收的字符串可以包含空格,遇换行符停止,系统自动将换行符用′\0′代替。

puts()函数在输出字符数组中的字符串时,遇′\0′结束输出。

6.5.3　字符串复制函数

字符串复制函数为 strcpy()，该函数的功能是将字符串复制到字符数组之中，类似于普通变量的赋值。

strcpy 函数的调用形式为：

strcpy(s1,s2)

其中，参数 s1 为字符串数组名，该数组具有足够的存储单元，s2 可以是字符串常量也可以是字符数组。

如以下程序段：

char name1 [10],name2[10];

strcpy(name1,"Wanggang");

strcpy(name2,name1);

执行的结果 name1 和 name2 两字符数组中的值都是"Wanggang"。

6.5.4　字符串连接函数

字符串连接函数为 strcat()，该函数的功能是将两个字符串连接，类似于普通变量的复合赋值。

strcat 函数的调用形式为：

strcat(s1,s2);

两个参数中，参数 s1 为字符串数组名，该数组具有足够的存储单元，s2 可以是字符串常量也可以是字符数组。该函数将 s2 字符串连接到 s1 字符串的后面，并自动删除原来 s1 字符串的结束标志。

如以下列程序段：

char str1[20]= "abc",str2[10]="def";

strcat(str1,str2);

执行后，str1 值为"abcdef"，str2 不变。

而下列程序段：

char str1[20]= "abc";

strcat(str1, "ddd");

执行后，str1 值变为"abcddd"。

6.5.5　字符串比较函数

字符串不能直接赋值，也不能直接比较，比较两字符串之间关系的函数是 strcmp()，strcmp 函数的调用形式为：

strcmp(s1,s2)

两个参数可以是字符串常量也可以是字符数组。该函数的功能是用于比较 s1 和 s2 两个字符串的大小。若 s1 大于 s2，函数值大于零；若 s1 小于 s2，函数值小于零；若 s1 等于 s2，函数值等于零。

两字符串相互比较时，按照字符的 ASCII 码的大小，比较第 0 个元素的值的大小，如果相同再比较第 1 个元素的值,从左至右,直到比较出结果。

如果在字符串中有汉字,则按汉字机内码的大小进行比较。

如 strcmp("aabc","abc")的值等-1,strcmp("abc","abc")的值等 0,strcmp("中国","美国")的值等 1。

6.6 案例分析

【案例 6.1】 一维数据的基本运算。

一维数据存储在一维数组中,这些批量同类型的数据以数组元素的方式被访问,数组元素的标识为数组名和下标值,由于数据量大,常常涉及循环操作,用循环控制变量作为数组元素的下标,在循环体中对元素进行各种读写。

如统计 10 个学生某学科考试成绩的平均值,并输出所有超过平均值的成绩。

【问题分析】

如果只求平均成绩,在循环结构的循环体中输入一个值赋值给简单变量,并累加即可求出总分,循环结束后用总分除以总人数,则可得出平均成绩,但题目还要求统计高于平均分的人数,则必须将每个学生的成绩保存起来,以便与平均成绩比较。

该问题涉及存储、访问 10 个整数,如果不使用数组,无论是变量的定义还是数据的读取和比较都比较烦琐,所以将这 10 个整数存储在一维数组中,然后读取每一个元素求和,再计算平均值,将每一个元素与平均值比较,根据判断有选择地输出。

变量定义:定义三个变量 s、i、v 和一个一维数组 a[10],s 用于存储 10 个数之和;v 用于存储计算的平均值,i 用于控制循环体执行 10 次(初始值为 0,循环条件是小于 10,每次循环体执行后自增 1),同时作为数组元素的下标,通过循环体的执行,遍历整个一维数组。

用 NS 图描述算法如图 6-1 所示。

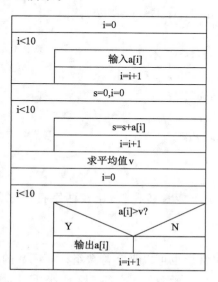

图 6-1 案例 6.1 的 NS 图

【C 语言代码】

```
#include<stdio.h>
int main()
{
    int a[10],s,i;
    double v;
    for(i=0;i<=9;i++)      //一维数组元素的输入
        scanf("%d",&a[i]);
    s=0;
    for(i=0;i<10;i++)      //一维数组元素的读取,求和
        s=s+a[i];
    v=s/10.0;
    printf("v=%lf\n",v);
    for(i=0;i<10;i++)      //一维数组元素的读取,判断输出
        if(a[i]>v)printf("%d ",a[i]);
    return 0;
}
```

程序运行结果:

　　键盘输入:77 89 64 91 96 93 71 76 68 82

　　输出:v=80.700000

　　89 91 96 93 82

【案例 6.2】　二维数据的基本运算。

二维数据虽然在内存中仍是连续存储,但常常是具有"行""列"的二维分布状态,二维数组元素的下标有两个,分别对应元素所在的行与列,在具体使用中,一般用两层循环的循环控制变量作为数组元素的下标。

如输入 5 名学生 4 门课程的成绩,输出每名学生的平均成绩和各科的平均成绩。

【问题分析】

5 名学生 4 门课程的成绩,这 20 个数据是具有相同特征,可将它们存储为二维数组形式,另外,求两类平均值,学生平均分数据有 5 个,学科平均分数据有 4 个,将它们分别以一维数组表示。

成绩的输入采用两层循环,用循环变量表示数组元素的行下标和列下标,计算求总分时,也采用两层循环,分别用两个一维数组元素累加求和,然后再求平均值,在输出时,将学生成绩、平均值、学科平均值对应显示。

变量定义:定义三个数组 cj[5][4]、xs[5]、kc[4] 和两个变量 i、j。cj 用于存储 20 个 5 行 4 列成绩;xs 先存储学生的成绩之和,再存储学生的平均成绩;kc 数组先用来计算各学科的分数之和,再存储平均成绩;i 用于控制外层循环体执行 5 次(初始值为 0,循环条件是小于 5,每次循环体执行后自增 1);j 用于控制内层循环体执行 4 次(初始值为 0,循环条件是小于 4,每次循环体执行后自增 1);i、j 同时作为各个数组元素的下标,通过循环体执行。

用 NS 图描述算法如图 6-2 所示。

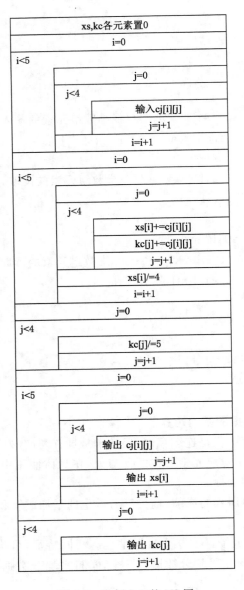

图 6-2　案例 6.2 的 NS 图

【C 语言代码】

```
#include<stdio.h>
int main()
{
    int cj[5][4],i,j;
    double xs[5]={0},kc[4]={0};    //初始化平均值数组元素为 0
    for(i=0;i<5;i++)    //二维数组元素成绩的输入
        for(j=0;j<4;j++)
```

```
                scanf("%d",&cj[i][j]);
        for(i=0;i<5;i++)    //计算求和
        {
                for(j=0;j<4;j++)
                {
                        xs[i]+=cj[i][j];
                        kc[j]+=cj[i][j];
                }
                xs[i]/=4；    //求学生平均成绩
        }
        for(j=0;j<4;j++) //求学科平均成绩
                kc[j]/=5;
        for(i=0;i<5;i++)    //输出成绩
        {
                for(j=0;j<4;j++)
                        printf("%d ",cj[i][j]);//输出学生各科成绩
                printf("%.2lf\n",xs[i]);  //输出学生平均成绩
        }
        for(j=0;j<4;j++)                //输出各学科平均成绩
                printf("%.1lf ",kc[j]);
        printf("\n");
        return 0;
}
```

程序运行结果：

键盘输入：

69 88 98 79

77 95 86 88

93 94 88 87

75 74 84 88

90 92 81 86

输出：

69 88 98 79 83.50

77 95 86 88 86.50

93 94 88 87 90.50

75 74 84 88 80.25

90 92 81 86 87.25

80.8 88.6 87.4 85.6

【案例 6.3】 求极值。

从众多数据中找出最大值，可以将这些数据存储到数组中，然后设置一个变量，用来存储最大值或记录最大值的位置，并为其赋初值，对数组所有元素遍历访问，如果数组元素值

大于最大值变量的值,调整更改最大值变量的值。

如输入 10 个学生某学科的考试成绩,输出最高分。

【问题分析】

从 10 个学生考试成绩中找到最高分,即从 10 个数据中找出最大值,将 10 个数据存储到一维数组中,定义变量 max,存储数组中某个元素(通常是最前面的或最后面的)的值,使用循环,将剩余的元素依次读出,并与 max 变量比较,根据比较的结果,选择是否用新值替换 max 中的值,循环结束后,max 中存储的数据即最大值。

变量定义:定义一维数组 a[10]存储 10 个学生成绩,变量 max 存储最高分,变量 i 用于循环控制和作为数组元素的下标值。

用 NS 图描述算法如图 6-3 所示。

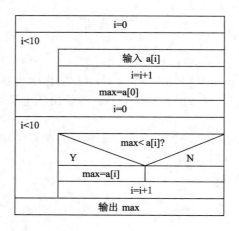

图 6-3　案例 6.3 的 NS 图

【C 语言代码】

```
#include<stdio.h>
int main()
{
    int a[10],max,i;
    for(i=0;i<10;i++)              //输入成绩
        scanf("%d",&a[i]);
    max=a[0];                      //为 max 假定一个最大值
    for(i=0;i<10;i++)             //查找值比 max 大的元素
        if(a[i]>max)max=a[i];
    printf("%d\n",max);           //输出最高分
    return 0;
}
```

程序运行结果:

键盘输入：77 89 64 91 96 93 71 76 68 82

输出：96

max 变量也可以记录最大值的位置（下标），则上面的程序代码可更改为：

```
#include<stdio.h>
int main()
{
        int a[10],max,i;
        for(i=0;i<10;i++)              //输入成绩
          scanf("%d",&a[i]);
        max= 0;                        //为 max 假定一个最大值
        for(i=0;i<10;i++)              //查找值比 max 大的元素
          if(a[i]>a[max])max=i;
        printf("%d\n",a[max]);         //输出最高分
        return 0;
}
```

【案例 6.4】 查找。

从众多数据中查找特定数据，可以将这些数据存储到数组中，然后对数组所有元素遍历访问，对取出的一个或多个数组元素，与特定数据比较，循环结果有两个：找到与未找到。

如考生根据准考证号查找考区中的考场信息。

【问题分析】

考区中的考场信息由三部分构成：考场号、本考场的开始准考证号和结束准考证号，这些信息预先存储在二维数组中，输入任一准考证号，对数组从前向后查找，比较准考证号是否在某一考场准考证号的范围内。

变量定义：定义二维数组 a[5][3]存储 5 个考场信息，变量 sn 存储输入的被比较的号码，变量 i 用于循环控制和作为数组元素的下标值。

用 NS 图描述算法如图 6-4 所示。

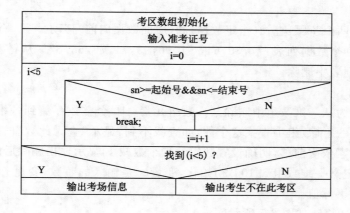

图 6-4 案例 6.4 的 NS 图

【C 语言代码】

```
#include<stdio.h>
int main()
{
        int a[5][3]={{1,10001,10030},{2,10031,10060},
                    {3,10061,10090},{4,10091,10120},
                    {5,10121,10150}},sn,i;
        scanf("%d",&sn);   //输入考生准考证号
        for(i=0;i<5;i++)    //查找
          if(sn>=a[i][1]&&sn<=a[i][2])break;
        if(i<5)
          printf("%d %d %d\n",a[i][0],a[i][1],a[i][2]);   //找到
        else
          printf("准考证%d 不在本考区！\n",sn);
        return 0;
}
```

程序运行结果：

键盘输入：10067

输出：3 10061 10090

键盘输入：15011

输出：准考证 15011 不在本考区！

上例中，如果考场信息内容比较多，可以在输出时使用循环嵌套，即将"printf("%d %d %d\n",a[i][0],a[i][1],a[i][2]);"改成"for(j=0;j<3;j++)printf("%d \n",a[i][j]);"。

【案例 6.5】 删除。

将众多数据中某个指定数据删除，该数据后面的数据依次向前移动 1 位，覆盖前面的数据，数据个数减 1。

删除操作分两个步骤：查找（指定数据）和（后面数据向前）移动。

如有如下 10 个数据列表：77,89,64,91,96,93,71,76,68,82。从键盘中输入任一整数，并将该数从列表中删除。

【问题分析】

问题可归纳为从一维数组中删除某一数组元素，10 个整数存储到一维数组之中，从键盘输入一个数，在一维数组中查找这个数，如查找不到，显示"查无此数"的信息，否则，将此数后面的数组元素依次前移，明确设置数组元素个数减 1，显示输出删除后的结果。

变量定义：定义一维数组 a[10]，初始化，变量 x 是输入的整数，变量 i 用于循环控制和作为数组元素的下标值。

用 NS 图描述算法如图 6-5 所示。

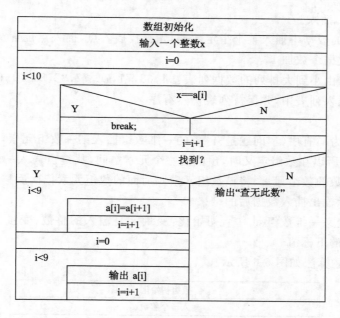

图 6-5　案例 6.5 的 NS 图

【C 语言代码】

```
#include<stdio. h>
int main()
{
    int a[10]={77,89,64,91,96,93,71,76,68,82},x,i;
    scanf("%d",&x);
    for(i=0;i<10;i++)
        if(x==a[i])break;
    if(i<10)
    {
        for(;i<9;i++)a[i]=a[i+1];    //移动
        for(i=0;i<9;i++) printf("%d ",a[i]);    //显示结果
    }
    else
        printf("查无此数! \n");
    return 0;
}
```

程序运行结果：

　　键盘输入：71

　　输出：77 89 64 91 96 93 76 68 82

　　键盘输入：99

　　输出：查无此数！

【案例 6.6】 插入。

向众多有序的数据中插入某个指定数据,先查找插入点,插入点位置及后面的数据依次向后移动 1 位,数据个数加 1。

有如下 10 个由小到大排列的数据列表:64,68,71,76,77,82,89,91,93,96。从键盘中输入任一整数,插入列表中,并保持列表仍然有序。

【问题分析】

问题可归纳为向有序(本问题是升序)的一维数组插入某一数组元素,由于插入后数组元素个数增加 1,所以在数组定义时,预留出一个元素空间,从键盘输入一个数,在一维数组中查找大于这个数的数组元素,将该数组元素及后面的数组元素依次后移,在此元素位置赋插入的数据,显示输出插入数据后的结果。

变量定义:定义一维数组 a[10],初始化,变量 x 是输入的整数,变量 i、j 用于循环控制和作为数组元素的下标值。

用 NS 图描述算法如图 6-6 所示。

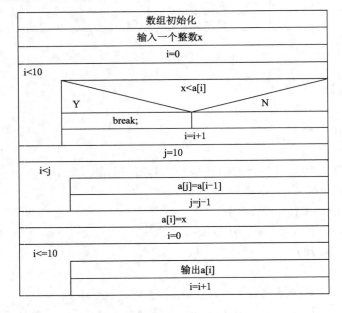

图 6-6 案例 6.6 的 NS 图(1)

【C 语言代码 1】

```
#include<stdio.h>
int main()
{
    int a[11]={64,68,71,76,77,82,89,91,93,96},x,i,j;
    scanf("%d",&x);
    for(i=0;i<10;i++)
        if(x<a[i])break;
    for(j=10;i<j;j--)
```

```
        a[j]=a[j-1];
      a[i]=x;
      for(i=0;i<=10;i++)
        printf("%d ",a[i]);
      return 0;
    }
```

程序运行结果:

键盘输入:60

输出: 60 64 68 71 76 77 82 89 91 93 96

键盘输入: 88

输出:64 68 71 76 77 82 88 89 91 93 96

键盘输入: 99

输出:64 68 71 76 77 82 89 91 93 96 99

此问题也可以从数组最后一个元素开始,依次向前,比较和移动同时完成。如果元素值大于输入的数,则向后移动,直到数组元素值小于输入值为止,在该元素后面的数组元素赋插入的值。

其 NS 图如如图 6-7 所示。

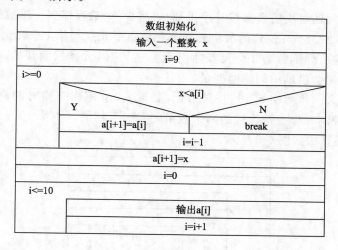

图 6-7　案例 6.6 的 NS 图(2)

【C 语言代码 2】

```
    #include<stdio.h>
    int main()
    {
      int a[11]={64,68,71,76,77,82,89,91,93,96},x,i,j;
      scanf("%d",&x);
      for(i=9;i>=0;i--)
        if(x<a[i])
```

```
        a[i+1]=a[i];
    else
    break；
a[i+1]=x；
for(i=0;i<=10;i++)
    printf("%d ",a[i]);
return 0；

}
```

【**案例 6.7**】 排序——选择交换法。

将无序的众多数据有序化的方法有很多,其中选择法和冒泡法比较容易理解。

选择交换法的思想是,依次选出数组元素有序数列中第 n 个数交换到第 n 的位置。以升序排序为例,将第一个元素依次与它后面的所有元素比较,如果出现比它小的数组元素,则两数组元素值交换,此轮次的结果是找到最小值交换到了最前面的元素之中;接下来,将第二个元素再与它后面的元素比较,如果满足条件,则进行交换,进而将第 2 小的数交换到第二个数组元素之中;以此类推,直到数组有序。

有如下 10 个数据:93,77,68,76,91,89,82,64,96,71。对其从小到大重新排列后输出。

【**问题分析**】

由问题可知,问题解决后数据按升序排列,可将 10 个数存储到一维数组,明确应该存放数据的位置 i,找到放置到 i 位置的数组元素 j,则第 i 个元素与第 j 个元素交换,由此可知 i 元素从最前一直遍历到倒数第 2 个元素,而 j 元素是从第 i 元素后面开始,一直到最后元素。变量交换数值,必定会借助中间临时变量。

变量定义:定义一维数组 a[10]并初始化,变量 temp 用作交换时的临时变量,变量 i、j 用于两层循环的控制和作为被比较的两个数组元素的下标值。

用 NS 图描述算法如图 6-8 所示。

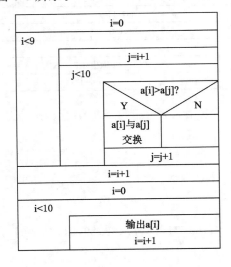

图 6-8 案例 6.7 的 NS 图

【C 语言代码】

```
#include<stdio.h>
int main()
{
        int a[10]={ 93, 77 , 68,76, 91 , 89, 82 , 64, 96 , 71},temp,i,j;
        for(i=0;i<9;i++)
          for(j=i+1;j<10;j++)
            if(a[i]>a[j])
                {temp=a[i];a[i]=a[j];a[j]=temp;}
        for(i=0;i<10;i++)
          printf("%d ",a[i]);
        return 0;
}
```

程序运行结果：

输出：64 68 71 76 77 82 89 91 93 96

对上面算法的改进：为避免出现过多的变量交换，可设置一个变量 k，用于记录最小值所在数组元素的下标，一个轮次比较结束后，a[i] 与 a[k] 交换。

```
for(i=0;i<9;i++)
{
        for(j=i+1;j<10;j++)
            if(a[i]>a[j])k=j;
        temp=a[i];
        a[i]=a[k];
        a[k]=temp;
}
```

【案例 6.8】 排序——冒泡法。

冒泡法排序的基本思想是，依次取出相邻的两个数据比较，根据比较的结果，选择是否数值交换，这样的轮次最多执行 n−1 次（假设有 n 个数据），即可将所有数据有序化。

有如下 10 个数据：93,77,68,76,91,89,82,64,96,71,对其从小到大重新排列后输出。

【问题分析】

由问题可知，问题解决后数据按升序排列，可将 10 个数存储到一维数组，由于是相邻的数据，所以一定有相对前面的和后面的数据。若前面的数据位置为 i，则它后面数据的位置为 i+1，变量交换数值，必定会借助中间临时变量。由于经一个轮次比较交换后，最大值会交换到最后的元素中，为了提高程序运行效率，下一轮次存储最大值的元素就不再比较。

变量定义：定义一维数组 a[10] 并初始化，变量 temp 用作交换时的临时变量，变量 i 控制轮次数、j 控制相邻两个被比较的数组元素的下标值。

用 NS 图描述算法如图 6-9 所示。

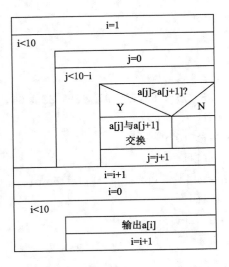

图 6-9　案例 6.8 的 NS 图

【C 语言代码】

```c
#include<stdio.h>
int main()
{
        int a[10]={ 93,77 , 68,76,91 , 89,82 , 64,96 , 71},temp,i,j;
        for(i=1;i<10;i++)
          for(j=0;j<10-i;j++)
            if(a[j]>a[j+1])
                {temp=a[j];a[j]=a[j+1];a[j+1]=temp;}
        for(i=0;i<10;i++)
          printf("%d ",a[i]);
        return 0;
}
```

程序运行结果：

　　　　输出：64 68 71 76 77 82 89 91 93 96

由于数据的初始排列情况不同,有可能对数据的排序轮次不需要固定的 n-1 次就已经完成所有数据的有序化。为了提高效率,可设置一个标志变量 k,用于记录在某轮次中是否有交换的操作,若无,则意味着已经排序完成,可直接结束排序的循环操作,直接进入到结果输出步骤。

```c
        for(i=1;i<10;i++)
        {
            k=0;
            for(j=0;j<10-i;j++)
                if(a[j]>a[j+1]) {k=1;temp=a[j];a[j]=a[j+1];a[j+1]=temp;}
            if(k==0)break;
        }
```

在排序时,合理设计数组元素交换的表达式,可以实现如对一组数据正数在前负数在后、奇数在前偶数在后等更多的分类操作。利用字符串处理函数,也可实现字符串排序。

【**案例 6.9**】　排序——字符串排序。

可以将由多个字符串构成的字符串数组进行排序操作。

有如下 5 个学生,名字分别为"Alberti""Lance""Zola""Jackson""Lane",他们参加毕业答辩,请按英文字母顺序排列答辩次序。

【**问题分析**】

字符串存储在一维数组中,多个字符串则需二维字符数组存储,可将二维数组每一行当作一个一维字符数组,用冒泡法对其排序。

变量定义:定义二维字符数组 a[5][10],一维字符数组 temp[10]用作交换时的临时变量,变量 i 控制轮次数、j 控制相邻两个被比较的两个字符串的下标值。

用 NS 图描述算法如图 6-10 所示。

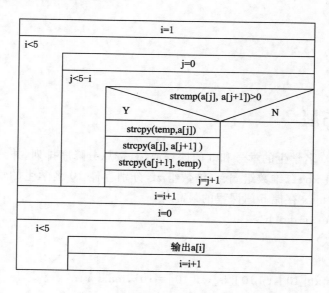

图 6-10　案例 6.10 的 NS 图

【**C 语言代码**】

```
#include<stdio.h>
#include<string.h>
int main()
{
    int i,j;
    char a[5][10]={"Alberti","Lance","Zola","Jackson","Lane"},temp[10];
    for(i=1;i<5;i++)
    {
        for(j=0;j<5-i;j++)
            if(strcmp(a[j],a[j+1])>0)
```

```
            {
                strcpy(temp,a[j]);
                strcpy(a[j],a[j+1]);
                strcpy(a[j+1],temp);
            }
        }
        for(i=0;i<5;i++)
          puts(a[i]);
        return 0;
    }
```
程序运行结果:
    Alberti
    Jackson
    Lance
    Lane
    Zola

6.7 项目拓展

从键盘输入 10 名学生的学号和 5 门课程成绩,按总分降序排列,并统计各科的最高分。
定义一维数组 xh、二维数组 cj、一维数组 zf,分别存储 10 名学生的学号、5 门课程成绩和总分,一维数组 max 存储 5 门课程的最高分。

```
#include<stdio.h>
int main()
{
    int xh[10],cj[10][5],zf[10]={0},max[5];
    int i,j,t;
    for(i=0;i<10;i++)                    //信息输入
    {
        printf("输入第%d名学生信息,学号成绩用空格分隔",i+1);
        scanf("%d ",&xh[i]);
        for(j=0;j<5;j++)
            scanf("%d",&cj[i][j]);
        for(j=0;j<5;j++)
            zf[i]+=cj[i][j];
    }

    for(i=1;i<10;i++)                    //按总分排名
        for(j=0;j<10-i;j++)
```

```
            if(zf[j]<zf[j+1])
                {
                        t=zf[j],zf[j]=zf[j+1],zf[j+1]=t;
                        t=xh[j],xh[j]=xh[j+1],xh[j+1]=t;
                }
        for(j=0;j<5;j++)                //求各科最高分
        {
                max[j]=cj[0][j];
                    for(i=0;i<10;i++)
                        if(max[j]<cj[i][j])max[j]=cj[i][j];
        }

        for(i=0;i<10;i++)                //信息输出
        {
                printf("%d ",xh[i]);
                for(j=0;j<5;j++)
                    printf("%d ",cj[i][j]);
                    printf("%d\n",zf[i]);

        }
        printf("各科最高分为:");
        for(j=0;j<5;j++)
            printf("%d ",max[j]);
        return 0;
    }
```

练 习 题

6.1　按题目要求完善程序。

（1）从键盘输入 10 个互不相同的整数并存放在一维数组中,找出值最大的元素,并从数组中删除该值。

```
    #include <stdio.h>
    #define N 10
    int main()
    {
        int a[N],k,i;
        for(i=0;i<N;i++)
            scanf("%d",&a[i]);
        k=0;
```

```
        for(i=1;i<N;i++)
          if(_____)
            k=i;
        printf("%d\n",k);
        for(i=k;i<N;i++)
          a[i]=_____;
        for(i=0;i<N-1;i++)
          printf("%d",a[i]);
        return 0;
    }
```

(2) 在一个 3 行 3 列整型数组中,分别将 a[i][j]元素与 a[j][i]元素对调,然后输出。

```
    #include <stdio.h>
    int main()
    {
        int a[3][3]={{1,3,5},{2,4,6},{4,5,6}},i,j,t;
        for(i=0;i<3;i++)
        for(j=0;_____;j++)
        {
            t=a[i][j];
            _____ = _____;
            _____ =t;
        }
        for(i=0;i<3;i++)
            printf("%d,%d,%d\n",a[i][0],a[i][1],a[i][2]);
        return 0;
    }
```

(3) 输入一个由字母组成的字符串,统计串中小写字母的个数。

```
    #include <stdio.h>
    #include <string.h>
    int main()
    {
        char a[20];
        int i=0,s=0;
        printf("请输入字符串:");
        scanf("%s",____);
        while(a[i]! =_____)
        {
            if(a[i]>=___ && a[i]<=_____)
            s++;
```

```
                i++;
            }
        printf("小写字母个数为:%d\n",s);
        return 0;
    }
```

6.2 求一个 3×3 矩阵对角线元素之和。

6.3 求数组 int a[N]中奇数的个数和平均值,以及偶数的个数和平均值。

6.4 已有一个排好序的数组,输入一个数,要求按原来排序的规律将它插入到数组中。

6.5 向一维数组输入 20 个整数,并把所有的负数存储在数组的前部,其他数据存储在负数的后面。

6.6 给定一个一维数组输入任意 6 个数,假设为 7,4,8,9,1,5。建立一个 6 行 6 列的二维数组,用循环为数组赋值,数据内容如下:

```
7 4 8 9 1 5
5 7 4 8 9 1
1 5 7 4 8 9
9 1 5 7 4 8
8 9 1 5 7 4
4 8 9 1 5 7
```

6.7 找出一个二维数组中的鞍点,即该位置上的元素在该行上最大,在该列上最小。也可能没有鞍点。

6.8 定义 3×5 数组,输入数组值,并将最大的元素值和左上角的元素值对调。

6.9 将字符串 s 中下标为偶数的字符组成新串存放到字符数组 t 中。

第 7 章　内存高效管理与指针

7.1　概述

在"1.3.2 数据结构"中介绍了数据的逻辑结构、数据的存储结构和数据运算结构,其中树形结构、图形结构等结构用数组表示比较麻烦,而在物理存储结构中的链式存储用数组更是无法实现。此外,用数组解题有很多局限性,如数组各元素在内存中必须连续存储,若大量数据在内存中找不到一块连续的存储区域,则程序将无法运行;数组必须在引用前预先定义数组元素的个数,且在程序执行中无法动态地调整,这样会出现定义空间太大而造成内存资源的浪费,反之定义空间太小,造成程序可以使用的内存不足的问题。从对数组的使用上来看,如果仅对数组元素简单地读写,比较容易实现,但涉及数据的有序插入、数据的删除等操作需要做多次的读写,程序效率较低。

指针是 C 语言重要内容之一。利用指针变量不仅可以有效地表示各种数据结构,也可以用于参数传递和动态分配存储空间,并能像汇编语言一样处理内存地址,从而编出精练而高效的程序。指针的应用使得 C 语言具有灵活、实用、高效的特点。

7.2　指针和指针变量

计算机内存由众多的存储单元组成,每一个存储单元(字节)在内存中都有一个唯一的编号,这个编号就称为存储单元的地址,计算机是借助地址对存储单元进行访问的。

程序中定义变量后,系统会根据变量的类型为变量在内存中分配若干字节的连续存储空间,这块空间的首地址就是变量的单元地址,通过变量的地址,就可以找到该变量所在的存储单元并进行数据的存取操作。存储单元地址可唯一对应(指向)存储单元,因此 C 语言将存储单元地址形象地称为"指针"。

这样程序即可以通过变量名直接访问存储单元,也可以通过存储变量指针的变量间接访问存储单元。

7.2.1　指针变量声明

指针就是一个变量对应存储区域的地址,专门存放变量地址的变量叫指针变量。

指针变量的定义形式为:

　　数据类型说明符 * 变量名;

变量名前面的" * "声明此变量是指针变量,它不能存储普通数据,只能存储指针。

数据类型说明符声明此指针变量中的指针指向的存储空间中存储的数据的类型。

如有如下定义：

```
int * p;
int a;
double b;
char c;
```

变量 p 是指针变量，在 a、b、c 三个变量中，只能将变量 a 的地址值赋值给 p，或称 p 只能指向 a。

7.2.2　指针变量的赋值及初始化

指针变量的赋值，是指取出普通变量的地址，赋值给指针变量。取出变量地址的操作称为取址，取址的运算符号是"&"，取址运算的格式为：

&　变量名

如定义一个指向整型数据的指针变量 p、一个整型变量 a，则：

```
int * p;
int a;
p=&a;
```

将 a 的地址赋值给 p，称为 p 指向 a。

在定义指针变量的同时为其赋初值：

数据类型说明符 * 变量名＝& 变量名；

如上例：

```
int a;
int * p=&a;
```

7.2.3　指针变量的引用

对指针变量的引用，就是根据指针变量中存储的地址值，对指定的存储单元进行读写。

对存储单元的读写操作有两种：

(1) 通过存储单元的变量名访问。

(2) 通过指针变量名间接访问。

如定义整型变量 a，通过变量名直接访问：

```
int a;
scanf("%d",&a);
printf("a=%d \n",a);
```

如定义整型变量 a，又定义指针变量 p，使用 p 指向 a，通过指针变量名间接访问 a 变量：

```
int a;
int * p=&a;
scanf("%d",p);
printf("a=%d \n", * p);
```

7.3 指针运算

使用指针运算可以灵活地对内存地址进行运算,再通过地址读写指定的存储单元。

7.3.1 取地址与取值运算

在指针运算中取址与取值是两个最基本的运算,取址运算符"&"和取值运算符"＊"为单目运算符,优先级别仅次于括号和成员运算符,具有右结合性。

若 p 是指向 a 的指针,则 ＊&a、(＊p)和 a 都是等价的。运算符"&"的操作数允许是一般变量或指针变量,运算符"＊"的操作数必须为指针变量或地址型表达式。

取地址符号与取值符号互为逆运算。

如以下程序段:

```
int a＝1,＊p;
p＝&a;
printf("%d,%d,%d\n",&a,p,&(＊p));
printf("%d,%d,%d\n",a,＊p,＊(&a));
```

运行后会显示两行:

三个用逗号分隔的整数值(可能是 1638212),表示程序运行时变量 a 的地址值;

三个用逗号分隔的整数 1,表示对应的地址单元内存储的整数值。

7.3.2 算术运算

C 语言允许将指针和整数进行相加或相减操作,加 1 的结果就是等于原来的地址值加上指向对象占用的字节数(不同数据类型所占字节数不同,如整数是 4,字符是 1)。

如:

```
int a＝1,＊p;
p＝&a;
```

假如 p 中存储的地址值(字节编号)为 1638212,则 p＋1 表示 p 指向内存地址加 4 个字节,其值等于 1638216;p＋2 的值等于 163820,而 p－1 的值等于 1638208。

当两个指针都指向同一个数组中的元素时,允许从一个指针减去另一个指针,结果是两个指针在内存中的距离(即两地址之间相差的数组元素的个数)。

如定义整型数组 int a[10],则 &a[9]－&a[0]的值等于 9。

指针变量可做自增(＋＋)与自减(－ －)运算,表示指针变量所指的内存地址前进或者后退了 1 个操作数。

7.3.3 关系运算

两个指向同一个数组中的元素的指针之间使用关系运算符连接,可根据所使用的操作符,判断两个指针指向数组中元素的位置关系。

如定义整型数组 a 和两个指针变量:

```
int a[10],p1,p2;
```

　　　　p1＝&a[0],p2＝&a[9];

则 p1＜p2 的值为真,表示 p1 指向的元素在前,p2 指向的元素在后。随着 p1++,p2--语句的多次执行,会使 p1＜p2 的值为值为假。

7.3.4　指针类型转换

　　指针类型转换是指用类型说明符强制指明指定内存地址内存储的数据类型,如(int ＊)、(double ＊)、(char ＊)等,主要用于动态内存空间的使用,由于内存中可以存储不同类型的数据,当程序申请一块内存时,指明存储何种数据类型时,需对这段内存进行强制类型转换。

　　如以下程序段:

　　　　int a＝1,＊p;

　　　　p＝&a;

　　　　printf("%d,%d\n",a,p);

　　运行后,会显示一个整数 1 和一个表示地址值的整数(比如是 1638212)。

　　那么,试图用语句"printf("%d\n",＊1638212);"把地址 1638212 内数据读出来的方法是错误的,因为系统无法判定地址值 1638212 开始的存储单元内存储的数据类型,而需要使用如下语句完成:printf("%d\n",＊((int ＊)1638212));。

　　其中(int ＊)1638212 是把地址值 1638212 强制转换为指向 int 数据类型,然后再对其进行取值操作。

7.4　数组和指针

　　在 C 语言中,指针与数组之间的关系十分密切。数组名就是数组的起始地址,它是一个地址常量。这样,对数组元素的访问,除了采用数组下标法,还可以采用指针法。在顺序访问一个数组时,通过对指针变量的增减运算来访问数组元素的效率要比下标变量的效率高。

7.4.1　用指针访问数组元素

　　数组元素相当于一个普通变量,定义数组元素的指针与定义普通变量指针的方法相同。如:

　　　　int a[10];

　　　　int ＊p;

　　　　p＝&a[0];

　　将数组元素 a[0] 的地址赋给 p,p 已指向数组 a 中 a[0] 元素。一维数组的数组名 a 是数组的首地址,它与 &a[0] 是同一地址,因此 p＝&a[0] 可以写成 p＝a。

　　可以用 a[0]、a[1]、...、a[9] 来表示这个数组中的 10 个元素,也可以用 ＊(p+0)、＊(p+1)、...、＊(p+9) 表示这个数组中的 10 个元素,还可以用 p++语句,使指针向后移动,用 ＊p 表示数组元素。

7.4.2 指向多维数组的指针

多维数组各元素在内存中按行连续存放,在内存中存储形式与一维数组是一样的,可以将其看作是一维数组,用指针访问一维数组元素的方法表示二维数组或多维数组各个元素。

以二维数组为例:

  int a[2][3];

  int * p;

  p=&a[0][0];

既可以用 a[0][0]、a[0][1]、a[0][2]、a[1][0]、a[1][1]、a[1][2]下标变量形式表示这个二维数组中的 6 个元素,也可以计算与 &a[0][0]间隔的距离,得出其他元素的地址,通过对地址求值表示各元素:*(p+0)、*(p+1)、*(p+2) 、*(p+3) 、*(p+4)、*(p+5)。

二维数组元素地址的计算方法如下:

若定义 X 行 Y 列的二维数组 a,定义指针变量 p,p 指向二维数组首元素:

  int a[X][Y]; int * p=&a[0][0];

X 与 Y 是代表二维数据的行数与列数的符号常量,则数组元素 a[i][j]的地址为 p+i * Y+j;如 a[3][4]的地址为 p+3 * Y+4。

7.5 字符串和指针

字符数组通常用来存放字符串,数组元素指针的用法同样适合于字符串处理,在程序中动态存储与表示字符串方面,使用字符串指针方法非常灵活和方便。

如定义 20 个元素的字符数组,表示字符串"Hello World!"

在声明语句中"char a[20]= "Hello World!";"即可实现,但在执行语句中不可以使用"a[20]= "Hello World!";"或"a= "Hello World!";"这样的语句。

而用字符串指针可以更加灵活方便,如上例可以声明语句:

  char * str= "Hello World!";

也可以在执行过程中,使用"str= "Hello World!";"这样的语句。

7.6 指针数组

指针也可以像其他变量一样存储在数组中,也就是指针数组。指针数组是一个数组,数组中的每一个元素都是指针。声明指针数组的方法如下:

  类型说明符 * 数组名[数组元素个数];

由于[ ]优先级高,先与数组名结合成为一个数组,再由类型说明符加 * 说明数组中元素的类型为指针。

指针数组在使用时,要为指针数组元素赋予某一地址,通常用于表示二维的数据结构,如处理 3 个字符串,需定义具有 3 个元素的字符类型的指针数组,可以在初始化语句中,也可以在执行语句中把字符串首地址赋值给数组元素。

　　　　char ＊ a[3]＝{"aaa","bbb"};

　　　　a[2]＝"ccc";

7.7　数组指针

　　数组指针,也称行指针,行指针 p 是用来存放行地址的变量。当 p 指向二维数组 a 中的数组元素 a[i][j]时,p＋1 将指向同列的下一行元素 a[i＋1][j]。因为在内存中数组元素 a[i][j]和 a[i＋1][j]并不相邻,a[i＋1][j]不是 a[i][j]的下一个元素,所以行指针不能按前面一般指针变量的方法定义。

　　行指针定义时必须说明数组每行元素的个数。一般定义形式为:

　　　　类型说明符（＊指针变量名）[数组长度];

　　下面定义的是一个指向每行 3 个整型元素的行指针:

　　　　int （＊p)[3];

　　p 是一个指针变量,它的类型是一个包含 3 个整型元素的一维数组,因此指针变量 p 可以指向一个有 3 个元素的一维数组。

　　在对二维数组元素进行访问时,通过行指针确定数组元素所在的行首地址,对行指针取值,得到该行首元素的地址,再对其移位,确定数组元素所在的地址,对元素地址取值操作,即得到元素的值。

　　若定义下面一个二维数组:

　　　　int a[4][3];

　　可以将 a 数组看成是由下面 a[0]、a[1]、a[2]、a[3]这 4 个一维数组（元素）组成的。其中:

　　(1) a[0]包括 a[0][0]、a[0][1]、a[0][2]三个元素。

　　(2) a[1]包括 a[1][0]、a[1][1]、a[1][2]三个元素,以此类推。

　　(3) a[0]、a[1]、a[2]、a[3]相当于 4 个一维数组名,表示每行首元素的地址,二维数组名表示首行的地址。

　　所以若定义如下:

　　　　int a[4][3];

　　　　int （＊p)[3];

　　　　p＝a;

则数组元素 a[i][j]可以用三种方法表示,即 a[i][j]、＊（＊(p＋i)＋j)、＊(a[i]＋j)。

7.8　指向指针的指针

　　指向指针的指针也称作多级指针,是一种多级间接寻址的形式。

　　变量 a 是预先声明过的内存单元,用于存储数据;变量 a 的地址（指针）值保存在另一变量 b(指针变量)中,可以通过对变量 b 取值操作得到 a 中存储的数据;若变量 b 的地址又保存到变量 c 中,则 c 中的指针包含另一个变量的地址,以此类推形成多级的间接寻址。

在变量声明中,使用指针说明符号的个数表示间接寻址的级别数,如下列声明语句:

  int a＝1,＊b＝&a,＊＊c＝&b;

则语句"printf("%d %d %d\n",a,＊b,＊＊c);"执行的结果是三个相同的值 1。

7.9 内存访问控制

  程序中所用的变量与数组都必须先定义后使用,是在程序运行之前分配存储空间,而且空间大小是固定不变的,这种内存空间分配方式称为静态存储分配。C 语言中另一种内存空间分配方式为动态存储分配,在程序运行期间根据需要动态地分配存储空间,在程序运行过程中,只要有闲置的内存空间,就可以临时"申请"使用,用完后再"释放"。

  C 语言系统提供了以下实现动态存储分配的库函数,即 malloc、calloc 和 free,使用这三个函数必须在程序开头包含头文件 stdlib.h。

  malloc 函数与 calloc 函数的调用形式为:

    malloc(size);

    calloc(n,size);

  功能:分配 size 字节的内存,size 的类型为无符号整型,成功后返回一个指针,指向所分配内存的起始地址,如果不成功返回 NULL(0)。ANSI C 新标准规定返回值类型为 void ＊类型,在使用时需要进行类型转换。

  例如分配 10 个整数的内存空间,并将首地址赋值给指针变量 p:

    int ＊p＝(int ＊)malloc(sizeof(int)＊10);

    int ＊p＝(int ＊)calloc(10,sizeof(int));

  这里,sizeof(int)表示计算 int 型数据所占的字节数。

  free 函数调用形式为:

    free(p);

  功能:将 p 所指的内存空间释放。p 为指针类型,该函数没有返回值。

7.10 案例分析

  【案例 7.1】 指针的基本运算。

  指针的基本运算中涉及两种计算:取地址(&)和取值(＊)。

  如定义一个整型变量 x 和一个整型指针变量 p,使指针变量指向 x,用不同的方法实现对 x 变量的读写。

  【问题分析】

  p 指向 x,需取出 x 的地址 &x,将其赋值给 p。这样,&x 与 p 的含义是相同的,x 与 ＊p 的含义是相同的。

  【C 程序代码】

```
#include<stdio.h>
int main()
{
```

```
        int x,* p;
        p=&x;                    //p 指向 x
        scanf("%d",p);           //等价于 scanf("%d",&x);
        printf("%d %d %d\n",x,* p,* &x);   //输出三个值是相同的
        return 0;
    }
```

【案例 7.2】　指针与一维数组。

由于一维数组在内存中连续存放,因而各元素的地址是相邻的,可以用指针移动运算或指针偏移量的方法对一维数组元素进行访问。

如案例 6.1 中:统计 10 个学生某学科考试成绩的平均值,并输出所有超过平均值的成绩。

【问题分析】

变量定义:定义三个变量 s、i、v,一个一维数组 a[10],一个指针变量 p。s 用于存储 10 个数之和;v 用于存储计算的平均值;i 用于控制循环体执行 10 次;p 指向一维数组 a 的首地址。

【C 程序代码 1】

```
    #include<stdio.h>
    int main()
    {
        int a[10],s,i,* p;
        double v;
        p=&a[0];                 //等价于 p=a;
        for(i=0;i<=9;i++)    //一维数组元素的输入
           scanf("%d",p+i);
        s=0;
        for(i=0;i<10;i++)    //一维数组元素的读取,求和
           s=s+ * (p+i);
        v=s/10.0;
        printf("v=%lf\n",v);
        for(i=0;i<10;i++)      //一维数组元素的读取,判断输出
           if( * (p+i)>v)printf("%d ", * (p+i));
        return 0;
    }
```

上面的代码指针 p 始终指向 a[0],其他元素的地址是 p 加一个偏移量;也可以通过 p 变量自增运算,更改 p 的值,使指针向后移动,从而指向其他的数组元素。

【C 程序代码 2】

```
    #include<stdio.h>
    int main()
```

```
{
    int a[10],s,i, * p;
      double v;
      p= & a[0];                //等价于 p=a;
    for(i=0;i<=9;i++,p++)    //一维数组元素的输入
      scanf("%d",p);
    s=0,p=a;
    for(i=0;i<10;i++,p++)    //一维数组元素的读取,求和
      s=s+ * p;
    v=s/10.0;
    printf("v=%lf\n",v);
    p=a;
    for(i=0;i<10;i++,p++)    //一维数组元素的读取,判断输出
      if( * p>v)printf("%d ", * p);
    return 0;
}
```

【案例 7.3】 指针与二维数组

二维数组各元素在内存中也是连续存储的,各元素按行存储,把二维数组看作是一维数组,用指针变量指向二维数组首元素的地址,然后根据各元素与首元素的前后排列关系,在指针指向保持不动的条件下,用加偏移量的方法,求出各元素的地址,即可对该地址进行取值操作。

如输入 5 名学生 4 门课程的成绩,用指针方法,计算并输出每名学生的平均成绩和各科的平均成绩。

【问题分析】

定义三个数组 cj[5][4]、xs[5]、kc[4] 和两个变量 i、j。cj 用于存储 20 个 5 行 4 列成绩;xs 先存储每名学生的成绩之和,再存储学生的平均成绩;kc 数组先用来计算各学科的分数之和,再存储平均成绩;i、j 用于控制循环体执行,定义 3 个指针变量 pcj、pxs、pkc 分别指向 cj、xs、kc 数组首元素地址,则 cj[i][j] 的地址为"pcj+i * 4+j;"。

【C 语言代码 1】

```
#include<stdio.h>
int main()
{
    int cj[5][4],i,j, * pcj= & cj[0][0];
    double xs[5]={0},kc[4]={0}, * pxs= & xs[0], * pkc= & kc[0];
    for(i=0;i<5;i++)    //二维数组元素成绩的输入
      for(j=0;j<4;j++)
        scanf("%d",pcj+i * 4+j);   //等价于 scanf("%d", & c[i][j]);
```

```
for(i=0;i<5;i++)                    //计算求和
{
        for(j=0;j<4;j++)
        {
                *(pxs+i)+= *(pcj+i*4+j);      //等价于 xs[i]+=cj[i][j];
                *(pkc+j)+= *(pcj+i*4+j);      //等价于 kc[j]+=cj[i][j];
        }
        *(pxs+i)/=4;    //求学生平均成绩,即 xs[i]/=4;
}
for(j=0;j<4;j++) //求学科平均成绩
        *(pkc+j)/=5;              //等价于 kc[j]/=5;
for(i=0;i<5;i++)                    //输出成绩
{
        for(j=0;j<4;j++)
                printf("%d ", *(pcj+i*4+j)); //输出学生各科成绩 printf
                                    ("%d ",cj[i][j]);
        printf("%.2lf\n", *(pxs+i));    //输出学生平均成绩 printf("%.
                                    2lf\n",xs[i]);
}
for(j=0;j<4;j++)        //输出各学科平均成绩
        printf("%.1lf ", *(pkc+j)); //等价于 printf("%.1lf ",kc[j]);
printf("\n");
return 0;
}
```

上述算法,将二维数组看作一维数组,也可以将二维数组的每一行看作一个一维数组,定义指针变量 p 采用格式 int（*pcj）[4],表明 p 是一个指向具有 4 个元素的数组的指针,即行地址,对其取值操作,得到一维数组首元素的地址,而二维数组名表示首行的行地址。

对于二维数组 cj[5][4],定义指针变量 int（*pcj）[4],并为 pcj 赋值 pcj＝cj;后 pcj 指向首行,pcj＋i 表示第 i 行的地址,对行地址取值后得到该行首元素地址 *（pcj＋i）,首元素地址 *（pcj＋i）+j 是第 i 行第 j 列的元素地址,对其取值 *（*（pcj＋i）+j),即得到第 i 行第 j 列的元素的值。

因此 cj[i][j]、*（cj[i]+j）、*（*（pcj+i）+j)是等价的。下面用行指针解决上述问题。

【C 语言代码 2】
```
#include<stdio.h>
#include<stdio.h>
int main()
{
```

```
int cj[5][4],i,j,(*pcj)[4]=cj;
double xs[5]={0},kc[4]={0},*pxs=xs,*pkc=kc;
for(i=0;i<5;i++)
  for(j=0;j<4;j++)
      scanf("%d",*(pcj+i)+j);
for(i=0;i<5;i++)
{
    for(j=0;j<4;j++)
    {
        *(pxs+i)+=*(*(pcj+i)+j);
        *(pkc+j)+=*(*(pcj+i)+j);
    }
    *(pxs+i)/=4;
}
for(j=0;j<4;j++)
        *(pkc+j)/=5;
for(i=0;i<5;i++)
{
    for(j=0;j<4;j++)
        printf("%d ",*(*(pcj+i)+j));
    printf("%.2lf\n",*(pxs+i));
}
for(j=0;j<4;j++)
    printf("%.1lf ",*(pkc+j));
printf("\n");
return 0;
}
```

【案例 7.4】 内存运行状态分配。

数组使用之前必须预先静态定义占用内存空间的大小,而在程序执行过程中,只可以对其所占的空间进行读写,动态使用内存(即申请与释放),使用指针可以很好地解决此问题。

如,计算多个人的某学科平均成绩,人数 n 从键盘输入。

【问题分析】

这个问题中,人数 n 是不确定的值,是通过键盘输入的,不是常量,所以不可以用 cj[n] 的方法定义,可定义一个指针变量,使其指向在程序执行过程中申请的一块连续内存区域的首地址,构成动态数组,再借助该指针变量访问这块内存空间。

定义变量 s、i、v、n 和一个指针变量 p。n 为键盘输入的整数;s 用于求和;v 用于存储计算的平均值;p 指向动态分配的内存首地址;i 用于控制循环体执行多次,同时作为指针 p 的偏移量,通过循环体的执行,遍历整个一维数组。

用 NS 图描述算法如图 7-1 所示。

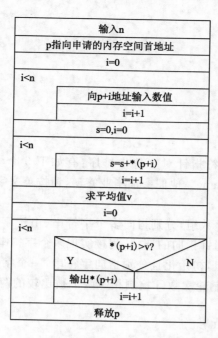

图 7-1 案例 7.4 的 NS 图

【C 程序代码】

```c
#include<stdio.h>
int main()
{
    int * p,s,i,n;
    double v;
    scanf("%d",&n);
    p=(int *)malloc(n * sizeof(int));
    for(i=0;i<n;i++)
      scanf("%d",p+i);
    s=0;
    for(i=0;i<n;i++)
      s=s+ * (p+i);
    v=(double)s/n;
    printf("v=%lf\n",v);
    for(i=0;i<n;i++)
      if( * (p+i)>v)printf("%d ", * (p+i));
    free(p);
    return 0;
}
```

程序运行结果：

键盘输入：

5

96 65 78 69 80

输出：

v＝77.600000

96 78 80

【案例 7.5】 字符指针。

对案例 6.9 更改,用字符指针对字符串排序:有如下 5 个学生,名字分别为"Alberti" "Lance""Zola""Jackson""Lane",他们参加毕业答辩,请按英文字母顺序排列答辩次序。

【问题分析】

定义一个一维字符指针数组,分别指向多个字符串(由于字符串是常量,所以不可以在程序中改变字符串),利用指针指向的调整,间接实现多个字符串的排序。

定义一维字符指针数组,初始化且分别指向字符串,一个字符指针 temp 用作交换地址值时的临时变量,变量 i 控制轮次数,j 控制相邻两个被比较的两个字符串的下标值。

【C 语言代码】

```c
#include<stdio.h>
#include<string.h>
int main()
{
    int i,j;
    char * str[5]={"Alberti","Lance","Zola","Jackson","Lane"}, * temp;
    for(i=1;i<5;i++)
    {
        for(j=0;j<5-i;j++)
        if(strcmp(str[j],str[j+1])>0)
        {
            temp=str[j];
            str[j]=str[j+1];
            str[j+1]=temp;
        }
    }
    for(i=0;i<5;i++)
        puts(str[i]);
    return 0;
}
```

程序运行结果:

Alberti

Jackson

Lance

Lane

Zola

7.11　项目拓展

从键盘输入任意名学生的学号和 5 门课程成绩,按总分降序排列,并统计各科的最高分。

定义动态数组 xh、cj、zf,分别为学生的学号、每名学生 5 门课程的成绩和总分,动态数组 max 存储 5 门课程的最高分。

```c
#include <stdlib.h>
#include <stdio.h>
int main()
{
    int * xh, * cj, * zf,max[5];
    int  n,i,j,t;
    //动态内存分配
    scanf("%d",&n);
    xh=(int * )malloc(n * sizeof(int));
    cj=(int * )malloc(n * 5 * sizeof(int));
    zf=(int * )malloc(n * sizeof(int));
    //数据输入
    {
        for(i=0;i<n;i++)
        printf("输入第%d名学生信息:",i+1);
        scanf("%d ",xh+i);
        * (zf+i)=0;
        for(j=0;j<5;j++)
            scanf("%d",cj+i * 5+j);

        for(j=0;j<5;j++)
            * (zf+i)+= * (cj+i * 5+j);
    }
    //排序与统计
    for(i=1;i<n;i++)
    for(j=0;j<n-i;j++)
        if( * (zf+j)< * (zf+j+1))
        {
            t= * (zf+j), * (zf+j)= * (zf+j+1), * (zf+j+1)=t;
            t= * (xh+j), * (xh+j)= * (xh+j+1), * (xh+j+1)=t;
        }
```

```
        {
                for(j=0;j<5;j++)
                max[j]= * (cj+j);
                for(i=0;i<n;i++)
                  if(max[j]< * (cj+5 * i+j))
                      max[j]= * (cj+5 * i+j);
        }
        //输出
        {
                for(i=0;i<n;i++)
                printf("%d ", * (xh+i));
                printf("%d\n", * (zf+i));
        }
        printf("各科最高分为:");
          for(j=0;j<5;j++)
            printf("%d ", max[j]);
          //释放内存
        free(xh);
        free(zf);
        free(cj);
        free(max);
        return 0;
}
```

练 习 题

以下习题要求用指针方法完成。

7.1 写出下面程序运行结果。

```
(1) #include <stdio.h>
    int main()
    {
            int x=3,y=5, * p1, * p2,t;
            p1=&x;
            p2=&y;
            t= * p1;
            * p1= * p2;
            * p2=t;
```

```
            printf("%d,%d\n",x,y);
            return 0;
        }
(2)  #include <stdio.h>
        int main()
        {
            int x=3,y=5, * p1, * p2, * p;
            p1=&x;
            p2=&y;
            p=p1;
            p1=p2;
            p2=p;
            printf("%d,%d\n",x,y);
            return 0;
        }
(3)  #include <stdio.h>
        int main()
        {
            int x=3,y=5, * p1, * p2,t;
            p1=&x;
            p2=&y;
            t=x;
            x=y;
            y=t;
            printf("%d,%d\n", * p1, * p2);
            return 0;
        }
(4)  #include <stdio.h>
        int main()
        {
            int x=3,y=5, * p1, * p2;
            p1=&x;
            p2=&y;
            x= * p2+10;
            y= * p1+10;
            printf("%d,%d\n",x,y);
            return 0;
        }
```

7.2　写出下列程序的输出结果。

(1) ＃include ＜stdio. h＞

```
    int main()
    {
        int a[]={1,2,3,4,5,6,7,8,9,0},* p;
        p=a;
        printf("%d\n",* p+9);
        return 0;
    }
```

(2) ＃include ＜stdio. h＞

```
    int main()
    {
        char a[10]={'1','2','3','4','5','6','7','8','9','\0'},* p;
        int i=8;
        p=a+i;
        printf("%s\n",p-3);
        return 0;
    }
```

(3) ＃include ＜stdio. h＞

```
    int main()
    {
        int a[]={1,2,3,4,5,6,7,8,9,0},* p=a;
        p++;
        printf("%d\n",* (p+3));
        return 0;
    }
```

(4) ＃include ＜stdio. h＞

```
    int main()
    {
        char * str="12123434";
        int i,x1=0,x2=0,x3=0,x4=0;
        for(i=0;str[i]! ='\0';i++)
            switch(str[i])
            {
                case '1':x4++;
                case '2':x3++;
                case '3':x2++;
                default:x1++;
            }
        printf("%d,%d,%d,%d\n",x1,x2,x3,x4);
```

```
            return 0;
        }
(5)  #include <stdio. h>
        int main()
        {
            int a[][3]={{1,2,3},{4,5},{6}};
            int i, * p=a[0],( * q)[3]=a;
            for(i=0;i<3;i++)
            printf(" %d", * ++p);
            printf("\n");
            for(i=0;i<3;i++)
            printf(" %d", * ( * (q+i)+1));
            printf("\n");
            return 0;
        }
```

7.3　输入三个整数,按由小至大的顺序输出。

7.4　输入一个字符串,用指针方式逐一显示字符,并求其长度。

7.5　输入到字符数组 a 中一串字符,按逆序复制到字符数组 b 中。

7.6　输入一串字符,将其中小写字母换成大写字母。

7.7　从键盘输入一个字符串,按字符顺序从小到大进行排列,并删除重复的字符。

第 8 章　复杂数据类型与结构体

8.1　概述

第 6 章中介绍的数组是一种自定义的数据类型,是大量具有相同数据类型、相同含义的数据构成的有序集合。

在实际问题解决过程中,常常对处理的对象通过抽象和概括,将一组类型不同但是用来描述同一件事物的变量放到一起,共同描述处理对象的属性。例如,描述在校学生有姓名、年龄、身高、成绩等属性,描述某服装有名称、品牌、颜色和尺寸等内容,描述电脑游戏对象有角色名、外观、防御值、攻击值等数据。在嵌入式智能产品中,为了节省内存资源,应用覆盖技术,使几种不同类型的数据共用同一段内存单元。

8.2　结构体类型

结构体是 C 语言提供的另一种自定义数据类型,这种数据类型比较复杂,是由 int、char、float 等类型组成的聚合类型。

8.2.1　结构体类型定义

结构体是一个用同一名字引用的变量集合体,它提供了将相关信息组合在一起的手段。结构体是用户自定义的数据类型,结构体定义也就是定义结构体名字和组成结构体的成员属性,是建立一个可用于定义结构体类型变量的模型。

定义一个结构体类型的一般形式为:

```
struct 结构体名
{
    类型说明符    成员变量名;
    类型说明符    成员变量名;
        ...
};
```

注意:定义最后使用分号结束。

构成结构体的每一个类型变量称为结构体成员,结构体是按成员变量名字来访问成员的。定义一个结构体类型时系统不会分配内存单元来存放各数据项成员,而是通知系统它的成员构成及相应的数据类型,并把这些当作一个整体来处理。

如定义一个结构体类型 student:

```
struct student
{       int num;
        char name[10];
        int score[2];
        float average;
};
```

其中,struct 是定义结构体类型的关键字,student 是结构体类型的名字,4 个成员变量组成一个结构体类型(student)。

在结构体类型定义时,可以使用已定义过的结构体类型,例如定义 time 类型:

```
struct time
{       int house;
        int min;
        int sec;
};
```

在定义 date 类型时,可以使用已定义的 time 类型:

```
struct date
{       int year;
        int month;
        int day;
        struct time t;
};
```

结构体类型不允许嵌套定义,但可以在结构体成员表中出现另一个结构体类型变量定义,而不能出现自身结构体变量定义。

结构体类型的定义(结构体的声明)只是告诉编译器该如何表示数据,并没有要求计算机为其分配空间。具体使用结构体时,需要定义结构体类型变量,然后对其进行读写操作。

8.2.2　结构体类型变量声明与初始化

结构体是一种数据类型,可以用它来定义结构体变量,系统为结构体变量分配存储单元,可以将数据存放在结构体变量单元中。

结构体变量可以采用下面三种方法定义:

(1) 在定义了一个结构体类型之后定义结构体变量。例如:

```
struct student
{       int num;
        char name[10];
        int score[2];
        float average;
};
struct student stu1,stu2;
```

上面定义了两个结构体变量 stu1、stu2,它们是已定义的 student 结构体类型,系统为每个结构体变量分配存储单元。使用 student 结构体类型定义结构体变量时,要在前面加上 struct 关键字。

(2) 在定义了一个结构体类型的同时定义结构体变量。例如:

```
struct student
{      int num;
       char name[10];
       int score[2];
       float average;
}stu1,stu2;
```

在定义结构体类型的同时可以直接定义结构体变量。

(3) 直接定义结构体类型的变量。例如:

```
struct
{      int num;
       char name[10];
       int score[2];
       float average;
}stu1,stu2;
```

如果直接定义了 stu1 和 stu2 两个结构体变量,则结构体类型的名字可以缺省。

在内存中,stu1 占连续的一片存储单元,可以用 sizeof(student)表达式测出一个结构体类型数据的字节长度。

在定义结构体变量的同时可以对各成员变量赋初值,初始化规则与数组相同,例如:

```
struct student
{      int num;
       char name[10];
       int score[2];
       float average;
};
struct student stu1={10001,"Liming",{78,86},0};
```

stu1 变量占用内存的字节数=4(1 个整数)+10(10 个字符)+8(1 个整数)+4(1 个单精度)。

8.2.3 结构体变量的引用

结构体类型变量的使用同其他类型变量一样,先定义后使用,但结构体类型变量中有不同类型的成员,对结构体变量的使用从本质上来讲是对结构体变量成员的使用。

结构体变量包含多个成员,使用结构体成员时必须通过成员运算符(圆点)进行,如 stu1. average。

圆点符号称为成员运算符,它的运算优先级别最高,与圆括号级别相同。

在对结构体变量的成员进行各种有关的操作时,可以将结构体成员看作是简单变量。如:

```
scanf("%d",&stu1.num);
sum=stu1.score[0]+stu1.score[1];
printf("%s\n",stu1.name);
```

8.2.4　结构体数组

一个结构体变量只能存放一个对象的一组相关信息,结构体数组可以存放多个同类型对象的信息。如一个 student 结构体类型变量只能存放一名学生的信息,如果表示多名学生信息则使用结构体数组。

定义结构体数组与定义结构体变量一样,可采用直接定义、同时定义或先定结构体名再定义其变量。下面是含有 30 名学生成绩的结构体数组的定义。

比如,先定义 student 结构体类型,再定义结构体数组:

```
struct student
{       int num;
        char name[10];
        int score[2];
        float average;
};
        struct student stu[30];
```

结构体数组的每个元素相当于一个结构体变量,包括结构体中的各个成员项,它们在内存中也是连续存放的。

对结构体数组初始化与对二维数组的初始化很类似,只是在第二层花括号内的值为对应于结构体中各成员的不同数据类型的值。例如:

```
struct student stu[2]={{101,"Liming",{75,87},0},{102,"Wangli",{70,80},0}};
```

定义了结构体数组以后,要通过结构体数组元素访问其成员。例如,结构体数组 stu 中第二名学生的平均成绩为 stu[1].average。

8.2.5　结构体指针

可以定义一个指针变量指向一个结构体变量。结构体指针的定义与其他结构体变量的定义方法相同,只需在指针变量前加"*"。

定义结构体类型为:

```
struct student
{       int num;
        char name[10];
        int score[2];
        float average;
};
```

定义结构体变量 stu 和结构体指针变量 p:

```
struct student stu,*p;
```

下面为结构体指针变量赋值,p 指向结构体变量 stu:

p＝＆stu；

用结构体指针访问结构体成员有两种方法：

第一种方法称为显示法，如(＊p).name、(＊p).score[0]、(＊p).aver 等。(＊p).name 中圆括号不能省略，不能写成 ＊p.name，因为成员运算符的优先级高于指针运算符。

第二种方法使用的结构体成员运算符"－＞""－＞""."均为结构体成员运算符，"."只能用于结构体变量，"－＞"只能用于结构体指针，不能混用。当 p 指向 stu 后，stu.name、(＊p).name 和 p－＞name 三种表示形式是等价的。

8.3 共用体

在现实问题中，常常出现多种类型数据记录到一个变量之中的情况，如对学生体能测试，男同学测试 100 m 跑，女同学测试仰卧起坐，这时，学生体能成绩会根据性别分为 int 类型（仰卧起坐次数）和 double 类型（百米跑的秒数）。

用 C 语言程序解决此类问题，需要使几种不同类型的变量存放到同一段内存单元中，使几个变量互相覆盖。这种几个不同的变量共同占用一段内存的结构，在 C 语言中，被称作共用体类型结构，简称共用体，也称为联合体。

使用共用体的目的，是为了节省存储空间，尤其对于大型数组，把不同类型的几个变量共用同一地址单元，然后分阶段先后使用。共用体类型各成员变量所占用的内存空间，不是其所有成员所需存储空间的总和，而是其中所需存储空间最大的那个成员所占的空间。这种做法适合于内存容量较小的嵌入式系统之中。

(1) 共用体类型的定义

共用体类型的定义与结构体类型的定义相类似。

共用体类型的定义形式为：

```
union   共用体名
{成员项表
};
```

(2) 共用体类型变量的定义

共用体类型变量的定义也与结构体类型变量的定义相类似。

共用体变量的定义分三种形式：

```
union   共用体名
{成员项表
};
union 共用体名   共用体变量名表；
```

或：

```
union   共用体名
{成员项表
}共用体变量名表；
```

或：

```
union
```

```
{成员项表
}共用体变量名表；
```

（3）共用体成员变量的引用

与结构体变量相似，共用体成员变量的引用是通过成员运算符（圆点）对共用体变量成员的使用。

假设我们定义了如下的共用体：

```
union score
{      int situp;
       double run;
}x；
```

则 x 在内存中需占用 8 个字节的内存空间（int 占 4 个字节，double 占 8 个字节）。

x. situp

x. run

共用体变量中的各成员不能同时使用，起作用的成员只能是最后一次存放数据的成员，存放进一个新成员的值后，原来的成员失去作用。

例如下列程序段：

x. situp＝12；

x. run＝13.5；

只有 x. run 的值正常输出 13.5，而 x. situp 的值无效，既不是 12，也不是 13.5。

此外，即使是两个同类型的共用体变量之间也不能相互赋值，共用体变量不能作为函数的参数。

8.4 枚举类型

当一个变量只有几种可能的取值时，则可以定义为枚举类型的变量。

一般的枚举类型的定义语法描述如下：

enum 枚举标识符{常量列表}；

例如：假定变量 m，它的值是 up、down、before、back、left、right 六个方位之一，可将其定义为如下枚举类型的变量：

enumdirection

{up,down,before,back,left,right }m；

其中 enum 为系统提供的定义枚举类型的关键字，direction 为用户定义的枚举名；up、down、before、back、left、right 为枚举元素，它们是常量，可以直接引用。C 语言编译系统按元素定义的顺序规定它们的值：up 为 0,down 为 1,before 为 2,back 为 3,left 为 4,right 为 5。

另外，允许设定部分枚举常量对应的整数常量值，但是要求从左到右依次设定枚举常量对应的整数常量值，并且不能重复。例如：

enum direction{up,down＝7,before,back＝1,left,right}；

则从第一个没有设定值的常量开始，其整数常量值为前一枚举常量对应的整数常量值加 1。即：up＝0，down＝7，before＝8，back＝1，left＝2，right＝3。

系统将枚举元素按常量处理，不能对其完成赋值操作，"up＝1；left＝2；"是错误的。对于枚举变量，也不能直接赋值整数，语句"m＝1；"是错误的。

8.5　自定义数据类型名称

typedef 是 C 语言的关键字，作用是为一种数据类型定义一个新名字。在程序设计中，尤其是在代码书写时使用 typedef 的目的一般有两个，一个是给变量一个易记且意义明确的新名字，另一个是简化一些比较复杂的类型声明。

如把 int 类型用新名称"integer"代替：

```
typedef int integer;
```

这样就可以用 integer 为新类型说明符定义变量了，如定义整型变量 a，定义整型数组 b：

```
integer a,b[10];
```

本章前面介绍的复杂数据结构定义新的数据类型后，可以用 typedef 为其简化，如：

```
struct student
{    int num;
     char name[10];
     int score[2];
     float average;
};
```

定义变量 stu1，则使用声明语句"struct student stu1；"。

简化上例的类型名称：

```
typedef struct
{    int num;
     char name[10];
     int score[2];
     float average;
} student;
```

再定义变量 stu1，则使用声明语句"student stu1；"。

8.6　链表

结构体数组简单实用，但数组元素的物理地址是连续的，如果要在指定位置完成插入或删除一个元素的操作是很麻烦的，它需要移动后面多个元素的操作，而且数组大小也不能改变。为解决这个问题，可以采用链表数据结构。链表存储结构是一种动态数据结构，其特点是它包含的数据对象的个数及其相互关系可以按需要改变，存储空间是程序根据需要在程序运行过程中向系统申请获得，链表也不要求逻辑上相邻的元素在物理位置上也相邻，它没有顺序存储结构所具有的弱点。

链表由一系列结点(链表中每一个元素称为结点)组成,结点可以在运行时动态生成。每个结点包括两个部分:一个是存储数据元素的数据域,另一个是存储下一个结点地址的指针域,合理设计指针域中指针的个数,可构造如树这样的复杂数据结构。使用链表处理数据信息时,不用事先考虑应用中元素的个数,当需要插入或删除元素时可以随时申请或释放内存,并且不用移动其他元素。

8.6.1 链表定义

链表结构中的每一个元素(结点)都使用动态内存(堆内存),可以根据需要临时申请或释放,各个元素不需要连续的存储单元。在链表结构中将为每一个元素申请的内存单元称为结点,假定将结点结构类型定义如下:

```
typedef struct student
{       int score;
        struct student * next;
} node;
```

则结点中包含两部分:存储结点数据的数据域 score 和指向下一结点的指针域 next。指针域只有一个指针,所以由这样的结点构成的链表为单链表结构。

通常,在单链表的第一个结点之前附设一个结点,它没有直接前驱,称之为头结点。头结点的数据域可以不存储任何信息,头结点的指针域存储指向第一个结点的指针(即第一个元素结点的存储位置)。头结点的作用是使所有链表(包括空表)的头指针非空,并使对单链表的插入、删除操作不需要区分是否为空表或是否在第一个位置进行,从而与其他位置的插入、删除操作一致。

链表尾部结点的指针域为"空",即 NULL。

8.6.2 链表的基本操作

链表的基本操作有创建链表、修改结点数据、删除某结点、插入一个结点、输出链表及计算链表的长度等。

(1) 创建链表(以本节定义的 node 为例)

```
node * head, * node1, * temp;   //head 为头结点,node 为普通结点,temp 为当
                                    前结点
head=(node * )malloc(sizeof(node));
head->next =NULL;
temp=head;
```

这样就创建了一个空的链表,如果向链表中顺序增加新的结点,则后续使用:

```
node1=(node * )malloc(sizeof(node));
node1->score =90;    //这里可用 scanf("%d",&node1->score);从键盘输
                         入结点数据
node1->next =NULL;
temp->next =node1;
temp=temp->next ;
```

通常链表的结点较多,可以将上面程序段作为循环体来处理。

(2) 输出链表,由于链接结点较多,且无法确定个数,常常用循环判断当前结点是否有后续结点来构成循环,如下列程序段:

```
temp=head；
while(temp->next！=NULL)
    {temp=temp->next；
    printf("%d\n",temp->score)；
}
```

(3) 修改结点数据,先通过循环定位该结点,然后修改。如下列程序段用于修改满足条件的结点数据:

```
temp=head；
while(temp->next！=NULL)
    {temp=temp->next；
    if(条件)
        {修改语句；
    }
}
```

(4) 插入结点,确定插入点位置 temp,创建一个新结点 node1,设置新结点的数据域,设置新结点的指针域 node1->next=temp->next;设置 temp 的指针域 temp->next=node1。

如在第 1 个结点处插入结点,数据域的值为 100:

```
temp=head；
int n=1；  //n 为插入点的位置
for(i=1;i<n;i++)temp=temp->next；
node1=(node ∗ )malloc(sizeof(node))；
node1->score =100；
node1->next =temp->next ；
temp->next =node1；
```

(5) 删除结点,确定删除的结点 temp,记录被删除结点的前一结点 t,修改前一结点的指针域 t->next=temp->next;释放 temp 结点的内存空间 freee(temp)。

如删除第 2 个结点的程序段:

```
temp=head；
int n=2；//被删除的结点顺序号
node ∗ t；
for(i=1;i<=n;i++)
{
    t=temp；
    temp=temp->next；
}
```

```
         t->next = temp->next;
         free(temp);
```
(6) 计算链表的结点个数,即统计头结点后有几个结点:
```
         int s=0；   //除头结点外的结点个数
         temp=head;
         while(temp->next！=NULL)
            {
                  temp=temp->next;
                  s++;
            }
```

8.7　案例分析

【案例 8.1】　结构体。

输入某学生的基本信息(学号、姓名、性别、五门课程成绩),并计算学生的平均成绩后显示到屏幕上。

【问题分析】

本问题可以使用整型变量表示学号,用字符数组表示姓名,用字符变量表示性别,用整型数组表示 5 个成绩,用一个实数变量表示平均分。由于这些内容共同表示一个学生的信息,所以需定义一个包含这些内容的结构体类型,然后定义一个结构体变量表示这个学生,再针对这个学生的成员(用成员运算符.表示成员)进行数据输入、计算、输出,从逻辑上更为合理。

用简化的 NS 图描述算法如图 8-1 所示。

定义struct student类型
声明结构体类型变量
输入学号、姓名、性别
用循环法输入5门课程成绩
用循环法计算总分
求平均分
输出学号、姓名、性别
用循环法输出5门课程成绩
输出平均分

图 8-1　案例 8.1 的简化 NS 图

【C 语言代码】
```
         #include<stdio. h>
         #include<string. h>
         struct student            //定义类型
         {
              int num;
```

```
        char name[10];
        char sex;
        int score[5];
        float average;
    };
    int main()
    {
        int i,s=0;
        struct student st;          //定义结构体类型变量
        scanf("%d",&st.num);//输入学号
        scanf("%s",st.name);      //输入姓名
        fflush(stdin);                //清除缓存,否则会将回车符赋给下一字符变量
        scanf("%c",&st.sex);      //输入性别
        for(i=0;i<5;i++)          //循环输入 5 个成绩
            scanf("%d",&st.score[i]);
        for(i=0;i<5;i++)          //循环统计总分
            s+=st.score[i];
        st.average=s/5.0;
        printf("num=%d,name=%s,sex=%c \n",st.num,st.name,st.sex);
        printf("score:");
        for(i=0;i<5;i++)
            printf("%d ",st.score[i]);
        printf("\naverage=%.1f\n",st.average);
        return 0;
    }
```

程序运行结果:
    输入:1001
        xiaowang
        m
        90 88 80 76 91
    输出:num=1001,name=xiaowang,sex=m
        score:90 88 80 76 91
        average=85.0

如果使用指针解决此问题,可另定义一个结构体类型指针变量,使其指向声明的变量,然后用成员运算符一>访问各成员变量。

【C 语言代码】

```
    #include<stdio.h>
    #include<string.h>
    struct student
    {
```

```
        int num;
        char name[10];
        char sex;
        int score[5];
        float average;
    };
    int main()
    {
        int i,s=0;
        struct student st, * p;
        p=&st;
        scanf("%d",&p->num);
        scanf("%s",p->name);
        fflush(stdin);
        scanf("%c",&p->sex);
        for(i=0;i<5;i++)
            scanf("%d",&p->score[i]);
        for(i=0;i<5;i++)
            s+=p->score[i];
        p->average=s/5.0;
        printf("num=%d,name=%s,sex=%c \n",p->num,p->name,p->sex);
        printf("score:");
        for(i=0;i<5;i++)
            printf("%d ",p->score[i]);
        printf("\n average=%. 1f\n",p->average);
        return 0;
    }
```

【案例 8.2】 共用体。

记录并输出某学生体能测试信息(学号、性别、运动成绩),在体能测试时,男同学测试 100 m 跑,女同学测试仰卧起坐,学生体能成绩会根据性别分为 int 类型(仰卧起坐次数)和 double 类型(百米跑的秒数)。

【问题分析】

本问题与前一个案例相似,使用结构体表示学生信息,但由于针对学生性别不同,运动成绩为跑步和仰卧起坐之中的一个,并且数据类型也不同,所以成绩使用共用体结构。

先定义一个成绩 score 共用体类型,然后定义学生 student 结构体类型(包含共用体类型变量),声明一个学生类型的变量,在输入时根据性别选择成员 run 或 situp,计算、输出时也同样先做条件判断。

【C 语言代码】

```
    #include<stdio. h>
```

```
#include<string.h>
union score        //定义成绩共用体类型
{
    int situp;
    double run;
};
struct student     //定义学生结构体类型
{
    int num;
    char sex;
    union score sc;//共用体类型成员变量
};
int main()
{
    struct student st;          //定义学生结构体变量
    scanf("%d",&st.num);   //引用学生结构体变量 num 成员
    fflush(stdin);
    scanf("%c",&st.sex);      //引用学生结构体变量 sex 成员
    if(st.sex=='m'||st.sex=='M') //按性别输入成绩
        scanf("%lf",&st.sc.run);     //引用学生结构体变量 sc 成员中的 run 成员
    else
        scanf("%d",&st.sc.situp);
    if(st.sex=='m'||st.sex=='M')    //按性别输出
        printf("number=%d,sex=%c,score=%lf\n",st.num,st.sex,st.sc.run);
    else
        printf("number=%d,sex=%c,score=%d\n",st.num,st.sex,st.sc.situp);
    return 0;
}
```

程序运行结果:
  输入:1001
    m
    9.98
  输出:number=1001,sex=m,score=9.980000
再次运行:
  输入:1002
    w
    9
  输出:number=1002,sex=w,score=9

【案例 8.3】　枚举类型。

判断用户输入的整数代表的星期几。

【问题分析】

由于每星期只有 7 天，即 Monday、Tuesday、Wednesday、Thursday、Friday、Saturday 和 Sunday，可以将这些符号分别与指定的整数对应，虽然用符号常量表示（如♯define Monday 1），但比较烦琐，所以将它们定义为枚举类型 enum 更为方便。

【C 语言代码 1】

```c
#include<stdio.h>
#include<string.h>
enum week{ Monday=1,Tuesday,Wednesday,Thursday,Friday,Saturday,Sunday} ;
int main()
{
        enum week day;
        scanf("%d", &day);
        switch(day)
        {
                case 1：puts("Monday"); break;
                case 2：puts("Tuesday"); break;
                case 3：puts("Wednesday"); break;
                case 4：puts("Thursday"); break;
                case 5：puts("Friday"); break;
                case 6：puts("Saturday"); break;
                case 7：puts("Sunday"); break;
                default：puts("Error!");
        }
        return 0;
}
```

【C 语言代码 2】

```c
#include<stdio.h>
#include<string.h>
enum week{ Monday=1,Tuesday,Wednesday,Thursday,Friday,Saturday,Sunday} ;
int main()
{
        enum week day;
        scanf("%d", &day);
        switch(day)
            {
```

```
            case Monday：puts("Monday")；break；
            case Tuesday：puts("Tuesday")；break；
            case Wednesday：puts("Wednesday")；break；
            case Thursday：puts("Thursday")；break；
            case Friday：puts("Friday")；break；
            case Saturday：puts("Saturday")；break；
            case Sunday：puts("Sunday")；break；
            default：puts("Error!")；
        }
        return 0；
    }
```

程序运行结果：
  输入:5
  输出:Friday

8.8 项目拓展

  将学生的学号、姓名和 5 门课程成绩、总分作为一个对象表示,按总分降序排列,并统计各科的最高分。

```
#include <stdlib. h>
#include<stdio. h>
typedef struct
{
    int xh；
    char xm[20]；
    int cj[5]；
    int zf；
}student；
int main()
{
    student * xs,t；
    int    n,i,j,max[5]；
    //动态内存分配
    scanf("%d",&n)；
    xs=(student * )malloc(n * sizeof(student))；
    //数据输入
    for(i=0;i<n;i++){
        printf("输入第%d 名学生信息:",i+1)；
        scanf("%d ",&(xs+i)->xh)；
```

```
            scanf("%s",(xs+i)->xm);
            (xs+i)->zf=0;
            for(j=0;j<5;j++)
                scanf("%d",&(xs+i)->cj[j]);
            for(j=0;j<5;j++)
                (xs+i)->zf+=(xs+i)->cj[j];
    }
    //总分降序排序
    for(i=1;i<n;i++)
    for(j=0;j<n-i;j++)
        if((xs+j)->zf<(xs+j+1)->zf)
        {
            t=*(xs+j),*(xs+j)=*(xs+j+1),*(xs+j+1)=t;
        }
    //统计各科的最高分
    for(j=0;j<5;j++)
        {
            max[j]=xs->cj[j];
            for(i=0;i<n;i++)
              if(max[j]<(xs+i)->cj[j])
                max[j]=(xs+i)->cj[j];
    }
    //输出
    for(i=0;i<n;i++)
    {
        printf("%d ",(xs+i)->xh);
        printf("%s ",(xs+i)->xm);
        printf("%d\n",(xs+i)->zf);
    }
    printf("各科最高分为:");
      for(j=0;j<5;j++)
        printf("%d ",max[j]);
      //释放内存
      free(xs);
    return 0;
}
```

练 习 题

8.1　阅读下列程序,写出程序运行结果:

(1)

```
#include<stdio.h>
struct intxy
{    int   x;
     int   y;
};
int main( )
{
     struct intxy   m1,m2={2,7};
     m1.x=1;m1.y=3;
     printf("\n%d",m1.y/m1.x*m2.x+m2.y);
     return 0;
}
```

(2)

```
#include <stdio.h>
int main( )
{
     struct
     {   int x ;
         int y ;
     }s[2]={{1,2},{3,4}}, *p=s;
     printf("\n %d",++p->x)   ;
     printf("   %d",(++p)->x)   ;
     return 0;
}
```

(3)

```
#include <stdio.h>
struct comm
{    char * name ;
     int age ;
     float sales ;
};
int main()
{
     struct comm x[2],y, * p ;
```

```
        int i ;
        y. name="Chan" ;
        y. age=30 ;
        y. sales=200. 0 ;
        x[0]. name="Liu";x[0]. age=55;x[0]. sales=350. 0 ;
        x[1]. name="Li" ;x[1]. age=45;x[1]. sales=300. 0 ;
        p=&y;
        printf("\n %-5s %d %. 2f",p->name,p->age,p->sales) ;
        for(i=0;i<2;i++)
        printf("\n %-5s %d %. 2f",x[i]. name,x[i]. age,x[i]. sales) ;
        return 0;
    }
```

(4)

```
    #include <stdio. h>
    struct date
    {   int y,m,d;
    }  ;
    struct stu
    {   char  * name ;
        struct date birthday ;
        int s[3];
    } ;
    int main()
    {    struct stu Li={"LiLan",1982,12,22,88,89,85. 5};
        printf("\n name:%s",Li. name);
        printf("\n birthday:%d-%d-%d",
        Li. birthday. y,Li. birthday. m,Li. birthday. d);
        printf("\n score:%d %d %d",Li. s[0],Li. s[1],Li. s[2]);
        return 0;
    }
```

(5)

```
    #include <stdio. h>
    #include <stdlib. h>
    int main( )
    {  int * a, * b, * c, * min;
        a=(int  * )malloc(sizeof(int)) ;
        b=(int  * )malloc(sizeof(int)) ;
        c=(int  * )malloc(sizeof(int)) ;
        min=(int  * )malloc(sizeof(int)) ;
```

```
        scanf("%d %d %d",a,b,c);
         * min= * a ;
        if( * b< * min) * min= * b ;
        if( * c< * min) * min= * c;
        printf("\n min=%d", * min) ;
        free(a);free(b); free(c);free(min);
        return 0;
    }
```

(6)

```
    # include <stdio. h>
    struct lst
    {   int num ;
        struct lst * next ;
    };
    int main()
    {   struct lst a,b,c, * p;
        a. num=1 ;
        a. next=&b ;
        b. num=2 ;
        b. next=&c ;
        c. num=3 ;
        c. next=NULL ;
        p=&a ;
        printf("\n %d",p->num) ;
        p=p->next ;
        printf(" %d",p->num) ;
        p=p->next ;
        printf(" %d",p->num) ;
        return 0;
    }
```

8.2 定义一个结构体变量,其成员包括职工的姓名、性别、年龄、工资和住址,然后由键盘输入数据并输出到屏幕。

8.3 按第8.2题的结构体类型定义一个含有5名职工的结构体数组,从键盘输入每个结构体元素所需的数据,计算平均工资,然后输出高于平均工资的职工姓名、工资和住址。

8.4 编一个含有4个学生(包括学号、姓名及数学成绩)的结构体数组,找出成绩最好者并将其打印输出的程序。

第 9 章　模块化与函数

9.1　概述

在计算思维中,分析与综合是最基本的思维活动。分析是把事物的整体分解为各个组成部分的过程,或者把整体中的个别特性、个别方面分解出来的过程;综合是把对象的各个组成部分联系起来,或把事物的个别特性、个别方面结合成整体的过程。

在现实中常常会遇到规模庞大、算法复杂的需要由多人组成的科研团队共同解决的工程问题,一般采用自顶向下的方法,将问题划分为几个部分,各个部分再进行细化,直到分解为比较容易解决问题为止。这种解决复杂问题结构化程序设计方法就是模块化,即把一个复杂的较大的程序划分成若干个模块,每个模块完成一个特定的功能,模块之间相互独立,靠参数的传递实现模块之间进行联系,从而把一个复杂的问题"分而治之",这种方法便于组织人力共同完成比较复杂的任务。

模块化设计,就是程序设计不是一开始就逐条录入计算机语句和指令,而是首先用主函数、子函数等框架把问题的主要结构和流程描述出来,并定义和调试好各个框架之间的输入、输出参数关系,逐步求精、细化,最终得到一系列以功能块为单位的算法描述。

模块化的目的是降低程序复杂度,使程序设计、调试和维护等操作简单化。

如上一章链表的操作,可以将整个程序划分为创建、插入、删除、查找、显示、统计等功能模块(子函数),在主控模块(主函数)中根据要求有选择地调用不同功能的模块。

C 语言中,使用函数是实现结构化程序设计思想的重要方法。利用函数,不仅可以实现程序的模块化,使得程序设计更加简单和直观,从而提高了程序的易读性和可维护性,而且还可以把程序中经常用到的一些计算或操作编写成通用函数,以供随时调用。

（1）模块化设计遵循的主要原则

① 模块独立。模块的独立性原则表现在模块完成独立的功能,与其他模块的联系应该尽可能地简单,各个模块具有相对的独立性。

② 模块的规模要适当。模块的规模不能太大,也不能太小。如果模块的规模太大,可读性就会较差;如果模块的规模太小,就会有很多的接口。

③ 分解模块时要注意层次。在进行多层次任务分解时,要注意对问题进行抽象化。在分解初期,可以只考虑大的模块,在中期再逐步细化分解成较小的模块进行设计。

（2）模块化编程步骤

① 分析问题,明确需要解决的任务。

② 对任务进行逐步分解和细化,分成若干个子任务,每个子任务只完成部分完整功能,并且可以通过函数来实现。

③ 确定模块(函数)之间的调用关系。

④ 优化模块之间的调用关系。

⑤ 在主函数中进行调用实现。

9.2 函数定义

C 语言程序是由若干个函数构成的,C 语言中的所有函数都是一个独立的程序模块。一个 C 语言程序总是从 main 函数开始执行,调用其他函数后,流程仍将返回到 main 函数,最后在 main 函数中结束程序的运行。一个函数并不从属于另一个函数,即函数不能嵌套定义。

C 语言中的函数可以互相调用,但不能调用 main 函数。

9.2.1 函数定义形式

函数定义就是确定一个函数完成一定的操作功能,函数的结果的数据类型、实现函数功能所必需的参数的类型、个数等,定义的一般形式如下:

函数类型说明　函数名(形式参数说明 形式参数,形式参数说明 形式参数,…)

{说明部分

执行语句部分

}

其中:

(1) 函数类型说明符,指出函数的值的数据类型,即通过执行语句中的 return 语句返回的值的类型,它可以是 C 语言中任意合法的数据类型,如 int、float、char 等。如果缺省函数类型说明符,C 语言默认返回值的类型是整型。函数也可以没有返回值,这时函数类型应说明为 void 类型。

(2) 函数名是用户为了方便调用给函数起的名称,它是一个标识符,是函数定义中不可缺少的部分,函数名后的一对圆括号是函数的象征,即使没有参数也不能省略。

(3) 形式参数(简称形参)列表是写在圆括号中的一组变量名,形式参数之间用逗号分隔。形式参数称为形式的参数或虚拟参数(简称虚参),是因为形式参数没有固定的值,形式参数的值只有函数被调用时由调用函数的实参提供。C 语言中的函数允许没有形式参数,当没有形式参数时,圆括号不能省略,括号内也可以加入 void。

(4) 形式参数说明是对形式参数表列中的每一个形式参数所做的类型说明。

(5) 用{ }括起来的部分称为函数体,由定义声明部分和执行部分组成。在函数体中可以定义各种变量,在函数中定义的变量只有在该函数内使用。函数体中的语句规定了函数执行的操作,体现了函数的功能,在函数体内通常包含用于返回函数值的 return 语句。

如例 1.3 中定义的 sum1 函数:

```
int sum1(int x,int y)
{
    int z;
    z=x+y;
```

```
        return z；
    }
```

sum1 是函数的名称,函数功能是求两个整数之和,参数列表中明确两个形式参数都是整型数据,在函数体中定义了一个变量 z,用来存储函数计算的结果,结果用 return 语句返回,返回的值是整型数据,因此 sum1 函数名前面的类型说明符为 int。

9.2.2　函数返回值与函数类型

函数类型由函数名称前面的类型说明符表示,如果函数没有返回值,即返回值为空,则在函数名称前用空类型 void 表示。如果函数有返回值,则返回值必须用 return 语句实现返回操作。

返回操作的一般格式为:

```
        return 表达式；
```

当 return 的值与函数类型不一致时,在编译时会出现警告,但程序可以执行,执行后函数的类型是类型说明符表示的类型。如上例若定义 z 的类型为 float 类型,并用 return 语句返回,则 sum1 的类型仍是 int 类型。

9.3　参数传递

在研究某问题时,需建立问题的数学模型,模型中要考虑某几个变量的变化以及它们之间的相互关系,利用某种算法,对这些变量进行运算,最终得到一个解或多个解。

构成 C 程序的若干个函数都是一个独立的程序模块,每个模块都需要与其他模块参数传递。通过参数传递建立完整的问题解决系统。

9.3.1　形式参数

形式参数是在定义函数的时候在函数名后面括号内定义的参数,目的是用来接收调用该函数时传入的数据,以实现函数的功能。

函数中的形式参数,也称为形参,或虚拟参数,只有函数被调用时才有可能得到具体的值。

如定义如下函数:

```
        int sum1(int x,int y)
        {
            int z；
            z＝x＋y；
            return z；
        }
```

x 和 y 就是形式参数,作用是接收参与求和计算的两个整数,但函数没有被调用时,x 与 y 只有"代表两个加数的符号"的作用,并不占用计算机内存;函数被调用时,会为 x 和 y 赋予确定的整数,这时才会占用内存空间。

9.3.2　实际参数

在调用有参函数时,函数名后面括号中的参数称为实际参数(简称实参),即具有实际意义的值,实参可以是常量、变量或表达式。

如调用上面的 sum1 函数:

printf("%d\n",sum1(2,4+5));

sum1 后面括号内的两个参数 2 和 4+5 都是可以得到确切的值,2 与 9 在数学中具有实际的含义,因此,称它们为实际参数。

9.3.3　值复制传递机制

在函数定义时,如果形式参数是普通变量,那么在调用该函数时,需为其传递相同数据类型的值,实际参数可以是常量、普通变量、数组元素、结构体变量或表达式。

在传递时,先对实际参数进行运算,将计算结果的副本传递给对应的形式参数,而在函数的执行过程中,对实际参数没有任何影响,从而提高了函数(模块)的独立性。

如下列程序段调用函数 int sum1(int x,int y):

int a=1,b=2,c;

c=sum1(a,b);

调用 sum1 函数时,将 a 与 b 的值(即 1 和 2)传递给 x 和 y,而 x 与 y 在 sum1 运行时无论有何种运算,都对 a 与 b 没有影响。

9.3.4　地址值复制传递机制

在函数定义时,如果形式参数是指针变量或数组,那么在调用该函数时,需为其传递存储相同数据类型的内存地址值,实际参数可以是普通变量的地址或一块连续内存空间的首地址,或值为地址值的表达式。

在传递时,同样先对实际参数进行运算,得到地址值,将地址值的副本传递给对应的形式参数。在函数的执行过程中,对相同地址里的值进行取值运算,由于共用同一内存地址,故能实现函数更改其他函数里变量值的功能,也解决了函数不能返回多个值问题。

9.4　函数调用

在 C 语言中,除 main() 函数外,其他函数的功能都是通过被调用实现的,而函数的定义仅仅是定义函数的性质和执行过程,仅具有说明性质。

被调用函数执行结束后,将返回调用该函数处继续执行。

9.4.1　函数调用形式

函数只有在被调用时才能执行,按函数在程序中的作用有三种调用方式:

(1)函数语句。把函数调用作为一个语句,这时不要求函数带回值,只要求完成一定的操作。例如 printf 函数的使用:

printf("%d",a);

（2）函数表达式。函数出现在一个表达式中,要求函数返回一个值作为表达式的一部分参与运算。例如:

$$x = 2 * sqrt(a);$$

其中 sqrt(a)是算术表达式的一部分,使用它的返回值(a 的平方根)完成与 2 相乘的运算。

（3）作函数的参数。函数调用作为另一个函数的一个实参,同样要求函数有一个返回值。例如:

$$printf("\%f", sqrt(a));$$

把函数 sqrt(a)的值作为 printf()函数的一个实参,这种方式实质上也是函数表达式调用的一种。

在调用函数之前,必须声明被调用函数的原型,声明包括函数的类型、参数类型、参数个数及顺序。编译程序按函数声明原型连接调用函数和被调用函数,保证了函数调用顺利完成。函数声明与函数定义不同,函数定义要给出函数的具体操作代码。函数声明的形式可参照函数定义中的函数头,一般形式为:

　　　　函数类型说明符　　函数名(类型说明符　　形参,类型说明符　　形参,…);

或:

　　　　函数类型说明符　　函数名(类型说明符,类型说明符,…);

函数原型声明时,形参的名字是不重要的,重要的是参数的类型。在函数声明中,可以只写形参的类型名,而不写形参名,但顺序不能写错。

C 语言规定,程序代码次序上,如果被调用函数的定义出现在调用函数之前,也就是函数定义写在前面,调用函数写在后面,可以不在调用函数前对被调用函数进行声明。

被调用函数结束后,需要返回到调用该函数处继续执行。

函数返回到调用它的函数有两种方法:

（1）函数执行结束,即遇到最后面的"}"后。

（2）用 return 语句退出函数的执行,返回到调用它的函数中。

return 语句有两个功能:

（1）宣告函数的一次执行结束,返回到调用它的函数中,一个函数中可以有一个以上的 return 语句,执行到哪一个 return 语句,哪个语句起作用;

（2）把函数的结果带回调用它的位置。

return 语句的一般形式为:

　　　　return ＜表达式＞;

表达式的值即函数的返回值。

函数的返回值类型应该与函数定义时函数的类型一致。如果对函数类型的说明与 return 语句中表达式的类型不一致,则以函数类型为准。系统自动进行类型转换,将表达式的类型转换为函数类型。

9.4.2　嵌套调用

C 语言中的函数定义是独立的,不允许函数的嵌套定义,但允许嵌套调用,即一个函数可以调用别的函数,也可以被其他函数调用。

如表达式 sqrt(5＋abs(－4)),在平方根函数 sqrt 的参数中调用了求绝对值函数 abs。表达式计算的过程是先计算 abs 函数,得到值 4 以后回到表达式 5＋4,再执行求平方根运算。

如语句"printf("%d",sum1(2,sqrt(4)));"程序执行顺序为:程序调用系统输出函数,输出函数调用自定义的 sum1 函数,sum1 函数调用系统数学函数;程序返回的次序是:求出 4 的平方根后返回 sum1,sum1 函数继续执行,求出两数之和后,返回 printf()函数;printf() 函数输出结果后,如果有后续语句,将继续执行后面的语句。

如表达式:sqrt(sqrt(81)),函数可作参数被自身调用,结果等于 3。

9.4.3　递归调用

在函数定义过程中,直接或间接调用自己,这种程序设计方法称为递归调用。

sqrt(sqrt(81))不属于递归调用,因为调用不是在函数定义过程中,而是在函数的使用(被调用)时调用了自己,因而称为嵌套调用。

递归是从结果出发,归纳出当前结果与前一结果之间的关系,如计算 s＝1＋2＋…＋100 的前 100 个正整数之和,可以从结果出发:

s(100)＝s(99)＋100,而 s(99)＝s(98)＋99,…,s(1)＝1。

由 s(1)＝1 可计算 s(2)＝s(1)＋2＝1＋2＝3,

由 s(2)＝1 可计算 s(3)＝s(2)＋3＝3＋2＝6,

……

由 s(99)＝4950 可计算 s(100)＝s(99)＋100＝5040＋100＝5050。

所以递归算法分两个步骤:递,依次求前一结果;归,根据前一结果求当前结果。

将上面问题用 C 语言代码描述为:

```
int sum(int n)
{
    if(n==1)return 0;
    return sum(n-1)+n;
}
```

9.5　变量存储类型及作用域

变量是对程序中的数据所占内存空间的一种抽象定义,使用变量必须先定义,定义变量主要确定变量的名称和变量的数据类型。

变量的定义还可以用关键字确定变量在内存中的位置,以及变量在程序中定义的位置,这些定义决定了变量的作用域(作用范围)和生命周期(变量的保留时间)。

9.5.1　局部变量

在 C 语言中,局部变量包括下面三种:

(1) 在函数体内定义的变量。

(2) 函数中的形式参数。

（3）在复合语句中定义的变量。

局部变量的作用域为所在函数,复合语句中定义变量的作用域仅为复合语句之内。但从变量的生存期来讲,又可以分为自动变量和静态变量两类。

9.5.2 全局变量

全局变量是在函数外部定义的,可以被程序中的各个函数引用,在整个程序运行期间都有效。全局变量的作用域为从变量定义处开始到本程序文件的末尾。

如果在定义的位置之前的函数想引用该外部变量,则应该在引用之前用关键字 extern 对该变量进行"外部变量声明"。表示该变量是一个已经定义的外部变量,这样,就可以从声明处起,合法地使用该外部变量。

如下程序段:

```
void fun 1( );int a＝9;
int main()
{
    int b＝8,c;
    c＝a＋b;
    printf("a＋b＝%d\n",c);
    fun1( );
    return 0;
}
int x＝5;
void fun1()
{
    printf("x＋a＝%d\n",x＋a);
}
int y;
```

变量 a 是在文件开始处定义的,可以被文件中所有函数引用。变量 x 是在文件中间定义的,只能由后面 fun1 函数引用,主函数中不能使用全局变量 x。变量 y 是在文件最后定义的,在前面两个函数中都不能使用全局变量 y。

在函数中,既可以使用本函数中定义的局部变量,也可以使用在它前面定义的全局变量。如果函数中的变量与全局变量同名,则使用局部变量。

为了保证函数的独立,避免出现二义性,在程序中不应过多地使用全局变量。

9.5.3 自动变量

自动变量也称动态变量,存储在内存的动态存储区,在程序的运行过程中,只有当变量所在的函数被调用时,编译系统才临时为该变量分配一段内存单元,函数调用结束,该变量空间释放,变量的值只在函数调用期存在。

函数中定义的局部变量,如不专门声明为 static 存储类别,都属于自动变量,都是动态地分配且数据存储在动态存储区中。

自动变量也可以用关键字 auto 进行存储类别的声明,例如声明一个自动变量:

```
auto int a,b;
int a,b;
```

上述两行表达的含义是一样的。

如下列 add 函数中,定义了自动变量 x:

```
void add( )
{
        auto int x=0;
        x++;
        printf("%d\n",x);
}
int main()
{
        add();
        add();
        return 0;
}
```

程序运行后输出结果为:

```
1
1
```

主函数调用 add 函数二次,第一次调用 add 定义了 x 为自动变量,并初始化为 0,自增显示 1,结束后,x 所占用的空间释放;第二次调用,由于内存中已没有 x 变量的存在,所以重新执行变量定义语句,x 又会初始化为 0,x 自增 1 后仍会显示 1,add 函数结束后,x 变量才会释放内存空间。

9.5.4 静态变量

静态变量是指存储在内存的静态存储区中,在编译时就分配了存储空间,在整个程序的运行期间,该变量占有固定的存储单元,程序结束后,这部分空间才释放,变量的值在整个程序中始终存在。

静态变量用关键字 static 进行存储类别的声明。

如下列 add 函数中,定义了静态变量 x:

```
void add( )
{
        static int x=0;
        x++;
        printf("%d\n",x);
}
int main()
{
```

```
        add();
        add();
        return 0;
    }
```

程序运行后输出结果为:

```
        1
        2
```

主函数调用 add 函数二次,第一次调用 add 定义了 x 为静态变量,并初始化为 0,自增显示 1,结束后,x 所占用的空间不会释放;第二次调用,由于变量已经存在,所以定义语句不执行,x 会在原有数值 1 的基础自增后显示 2,主函数结束后 x 变量释放内存空间。

9.5.5　寄存器变量

在计算机硬件结构中,中央处理器不仅实现运算器和控制器的功能,其内部还有一种称之为寄存器的部件,寄存器是有限存储容量的高速存储部件,它们可用来暂存指令、数据和地址。如果把处理的数据放到寄存器内计算,将大大提升程序的运行速度。

C 语言允许将数据以局部自动变量和形式参数的方式存放在通用寄存器中,在寄存器中定义变量,称为寄存器变量,用关键字 register 定义寄存器变量,下列语句定义了两个寄存器整型变量 a、b:

```
        register int a,b;
```

由于计算机中寄存器的数目是有限的,一般程序都不需要使用寄存器变量。

9.6　案例分析

【案例 9.1】　简单函数的定义与调用。

定义一个函数,实现求梯形面积的功能,并在程序中调用验证正误。

【问题分析】

求梯形面积的数学公式为:面积＝(上底＋下底) * 高/2,所以函数功能的实现需要 3 个参数:上底、下底和高,为了函数的通用性更强,可支持最大精度为双精度,而梯形的面积值是该函数需要的结果,最大精度应该是双精度,用 return 语句返回给调用的函数。为了方便调用,为函数命名为 trapezoid。

调用此函数时,需为函数的 3 个形参提供具有实际意义的实参,实参可以是常量、变量或结果为双精度的表达式,函数的结果(值)可以用另一变量接收,或直接在表达式中使用。

【C 语言代码】

```c
#include<stdio.h>
double trapezoid(double top,double bottom,double high)    //定义函数
{
    double s;
    s=(top+bottom) * high/2;
    return s;
```

```
    }
    int main()
    {
        double are,t,b,h;
        scanf("%lf%lf%lf",&t,&b,&h);
        are=trapezoid(t,b,h);    //调用函数
        printf("are=%lf\n",are);
        return 0;
    }
```

如果函数的定义放在 main()的后面,则需函数的原型说明。如:

```
    #include<stdio.h>
    int main()
    {
        double trapezoid(double ,double,double);    //函数原型说明
        double are,t,b,h;
        scanf("%lf%lf%lf",&t,&b,&h);
        are=trapezoid(t,b,h);    //调用函数
        printf("are=%lf\n",are);
        return 0;
    }
    double trapezoid(double top,double bottom,double high)    //定义函数
    {
        double s;
        s=(top+bottom)*high/2;
        return s;
    }
```

程序运行结果:

    键盘输入:

    3.5 6 4

    输出:

    are=19.000000

【案例 9.2】 无参数无返回值的函数。

定义一个函数,实现输出一个星号,主函数调用此函数输出 5 个星号。

【问题分析】

无参数无返回值的函数功能是单一的,通常作为函数语句进行调用,输出某个字符串。所以其返回值为 void,函数名后面的括号内参数为 void,或括号内不写任何内容。

【C 语言代码】

```
    #include<stdio.h>
    void star()    //定义函数,或 void star(void)
```

```
    {
        printf(" * ");
    }
    int main()
    {
        int n;
        for(n=1;n<=5;n++)
            star();//调用函数语句
        return 0;
    }
```

程序运行结果：

输出：

* * * * *

【案例 9.3】 有参数无返回值的函数。

定义一个函数,实现输出 n 个星号,参数 n 由调用函数提供。调用此函数,输出任意个星号。

【问题分析】

有参数无返回值的函数,常作为函数语句进行调用,其功能是根据参数值,输出不同的字符串,其返回值为 void,函数名后面的括号内声明参数的个数与类型。

本例中,参数的类型为整型。

【C 语言代码】

```
    #include<stdio.h>
    void star(int n)    //定义函数
    {
        int i;
        for(i=1;i<=n;i++)
        printf(" * ");
    }
    int main()
    {
        int x;
        scanf("%d",&x);
        star(x);    //调用函数语句
        return 0;
    }
```

程序运行结果：

输入:20

输出：

* * * * * * * * * * * * * * * * * * * *

用函数方法解案例 5.5：

```
#include<stdio.h>
void star(int n)    //定义输出星号的函数
{
    int i;
    for(i=1;i<=n;i++)
    printf(" * ");
}
void space(int n)    //定义输出空格的函数
{
    int i;
    for(i=1;i<=n;i++)
    printf(" ");
}
int main()
{
    int n,i;
    scanf("%d",&n);
    for(i=1;i<=n;i++)
    {
        space(n-i);
        star(2 * i-1);
        printf("\n");
    }
    return 0;
}
```

【案例 9.4】 有参数有返回值的函数。

案例 9.1 定义的函数功能是求梯形面积,在函数中 return 返回面积值。

在函数体内 return 语句可出现多次,但只要执行到 return 后,除将函数值返回给调用函数,还将结束函数的执行,所以只会执行多个 return 语句中的一条。

验证哥德巴赫猜想:任一大于 6 的偶数都可写成两个质数之和。从键盘输入任一大于 2 的偶数,输出两个质数之和。

【问题分析】

定义一个函数,判断某整数是否为质数,是返回 1,不是返回 0。在调用函数中输入一个整数,利用循环将其分解为两个整数之和,分别调用定义的函数判断两个整数是否均为质数。

本例中,参数的类型为整型。

NS 图表示如图 9-1 所示。

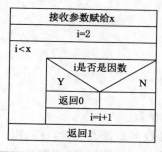

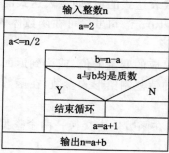

图 9-1　案例 9.4 的 NS 图

【C 语言代码】

```
# include<stdio. h>
int prime(int x)    //判断 x 是否是质数
{
    int i;
    for(i=2;i<x;i++)
    if(x%i==0)return 0;  //如果 x 有因子,则不是质数,返回 0
    return 0;            //x 所有可能的因子均不是 x 的因子,返回 1
}
int main()
{
    int n,a,b;
    scanf("%d",&n);
    for(a=2;a<=n/2;a++)
    {
        b=n-a;
        if(prime(a)==1 && prime(b)==1) //a 和 b 均是质数
            break;
    }
    printf("%d=%d+%d\n",n,a,b);
    return 0;
}
```

程序运行结果：

　　输入：6

　　输出：6＝3＋3

　　输入：666

　　输出：666＝5＋661

【案例 9.5】 指针作为形式参数。

上面的案例中函数的形式参数都是普通变量,在调用函数时,为形式参数提供的实际参数可以是常量、变量、数组元素或表达式的值,即将表达式的值复制一份传递给形式参数,形式参数的变化不会改变实参。return 语句虽然可在函数体内多次出现,但只能有一个执行,并且只能返回一个值。

若需在函数体内改变实参对应的变量的值,或达到返回多值的效果,可将实参变量的地址或多个数据(数组)的首地址的值复制给形式参数,在函数体内改变对应地址内的值,即可实现上述功能。

如:定义并调用 swap 函数,在函数体内交换一两个整型变量的值。

【问题分析】

定义 swap 函数,形式参数为两个指向整型变量的指针变量,用来指向两个欲交换值的整型变量,在函数体内,交换两个地址内的值,函数没有返回值;调用函数时,两个实参分别是两个变量的地址值。

【C 语言代码】

```c
#include<stdio.h>
void swap(int * a,int * b)
{
    int t;
    t= * a;
    * a= * b;
    * b=t;
}
int main()
{
    int x=1,y=2;
    printf("x=%d,y=%d\n",x,y);
    swap(&x,&y);
    printf("x=%d,y=%d\n",x,y);
    return 0;
}
```

程序运行结果：

　　输出：

　　x＝1,y＝2

　　x＝2,y＝1

【案例 9.6】　一组数据首地址作为形参。

如:定义函数,将数组中值为负数的元素的值清零。

【问题分析】

在函数中对多数据值更改,形参为指针变量指向连续数据的首地址及数据的个数,函数体内用循环更改首地址的偏移量,访问对应地址更改地址内的值,函数没有返回值。

调用函数时,两个实参分别是数组首元素地址和处理的元素个数。

【C 语言代码】

```c
#include<stdio.h>
void zero(int * a,int n)
{
    int i;
    for(i=0;i<n;i++)
        if( * (a+i)<0)
            * (a+i)=0;
}
int main()
{
    int x[10]={1,-2,-3,4,5,6,-7,-8,9,10},i;
    zero(& x[0],10);
    for(i=0;i<10;i++)
        printf("%d ",x[i]);
    return 0;
}
```

程序运行结果:

　　输出:1 0 0 4 5 6 0 0 9 10

如果针对后 5 个元素执行此操作,则调用时"zero(& x[5],5);"运行程序后输出:

　　1 -2 -3 4 5 6 0 0 9 10

此函数也可写成:

```c
void zero(int * a,int n)
{
    int i;
        for(i=0;i<n;i++)
        if(a[i]<0)a[i]=0;
}
```

或:

```c
void zero(int a[],int n)
{
    int i;
```

```
        for(i=0;i<n;i++)
            if(a[i]<0)a[i]=0;
    }
```

【案例 9.7】 函数处理字符串。

如:定义函数,实现连接两个字符串。

【问题分析】

字符串存储在字符数组中,由于字符串有结束标志"\0",所以在函数形参中不需要元素个数。

函数体内,先将指针指向目的字符串的结束标志,然后将另一字符串中的字符依次存储到目的字符串后面即可。

调用函数时,两个实参分别是字符数组首元素地址。

【C 语言代码】

```c
#include<stdio.h>
void catstr(char *a,char *b)
{
    for(;*a!='\0';a++);
    for(;*b!='\0';b++,a++) *a=*b;
    *a='\0';
}
int main()
{
    char x[20]="Hello ",y[10]="world!";
    catstr(x,y);
    printf("%s\n",x);
    return 0;
}
```

程序运行结果:

输出:Hello world!

catstr 函数也可写成:

```c
void catstr(char *a,char *b)
{
    while(*a!='\0')a++;
    while(*a=*b)b++,a++;
}
```

【案例 9.8】 递归。

在定义函数时,函数体内直接或间接调用自己,从问题的结果出发,逐步找到问题的初始状态,再逐步回归,用这种递归的办法常常能简化问题的分析过程。

如求 Fibonacci 数列前 30 项并输出。

【问题分析】

问题的初始状态是第 1、2 项的值都是 1,其他项的值等于前两项之和。

【C 语言代码】

```
#include<stdio.h>
int fibo(int n)
{
        if(n==1||n==2)
        return 0;
        return fibo(n-1)+fibo(n-2);
}
int main()
{
        int i;
        for(i=1;i<=30;i++)
        {
                printf("%10d",fibo(i));
                if(i%6==0)printf("\n");
        }
        return 0;
}
```

程序运行结果:

输出:

1	1	2	3	5	8
13	21	34	55	89	144
233	377	610	987	1597	2584
4181	6765	10946	17711	28657	46368
75025	121393	196418	317811	514229	832040

9.7　项目拓展

将学生成绩管理程序分解为数据定义、成绩输入、排序与计算、结果输出四个功能模块。由主模块调用各模块,模块之间依靠参数联系。

```
#include <stdlib.h>
#include<stdio.h>
typedef struct
{       int xh;
        char xm[20];
        int cj[5];
```

```
            int zf;
        } student;

        int main()
        {
            student * xs;
            int   n=0,i,max[5];
            student * dingyi(int * n);
            void shuru(student * xs,int n);
            void shuchu(student * xs,int n,int * max);
            void jisuan(student * xs,int * max,int n);
            while(1)
            {
                printf("0.数据定义   1.数据输入   2.数据输出   3.数据计算
            4.退出\n 请输入 0-4 选择程序功能:");
                scanf("%d",&i);
                switch(i)
                {
                    case 0:
                        xs=dingyi(&n);
                        break;
                    case 1:
                        shuru(xs,n);
                        break;
                    case 2:
                        shuchu(xs,n,&max[0]);
                        break;
                    case 3:
                        jisuan(xs,max,n);
                        break;
                    case 4:
                        if(n! =0)free(xs);
                        exit(0);
                        break;
                }
            }
            return 0;
        }
        student * dingyi(int * m)   //动态内存分配
```

```
        {
                int n;
                student * t;
                printf("输入学生人数:");
                scanf("%d",&n);
                t=(student * )malloc(n * sizeof(student));
                if(t==NULL){
                   printf("内存分配失败!!");
                   exit(0);
                }
          * m=n;
          return t;
        }


    void shuru(student * xs,int n)//输入数据,计算总分//输入数据,计算总分
    {int i,j;
    for(i=0;i<n;i++){
        printf("输入第%d名学生的学号 姓名 成绩1成绩2成绩3成绩4成绩5:",
    i+1);
        scanf("%d ",&(xs+i)->xh);
        scanf("%s ",(xs+i)->xm);
        (xs+i)->zf=0;
        for(j=0;j<5;j++)
            scanf("%d",&(xs+i)->cj[j]);
        for(j=0;j<5;j++)
            (xs+i)->zf+=(xs+i)->cj[j];
    }
    }


    void shuchu(student * xs,int n,int * max)//输出结果
    {int i,j;
      for(i=0;i<n;i++){
      printf("%d ",(xs+i)->xh);
      printf("%s ",(xs+i)->xm);
      printf("%d\n",(xs+i)->zf);
    }
    printf("各科最高分为:");
      for(j=0;j<5;j++)
    printf("%d ",max[j]);
    printf("\n");
```

```
        }

        void jisuan(student * xs,int * max,int n)//排序、计算最大值
        {
        int i,j;
        student t;
    for(i=1;i<n;i++)
        for(j=0;j<n-i;j++)
          if((xs+j)->zf<(xs+j+1)->zf)
          {t=*(xs+j),*(xs+j)=*(xs+j+1),*(xs+j+1)=t;}
        for(j=0;j<5;j++){
            max[j]=xs->cj[j];
            for(i=0;i<n;i++)
              if(max[j]<(xs+i)->cj[j])
                max[j]=(xs+i)->cj[j];
            }
        }
```

练 习 题

9.1 编写一个求两个整数和的函数,在主函数中输入两个整数,调用该函数计算并输出该两数之和。

9.2 编写一个函数求两个整数的和与差,在主函数中调用该函数求两个整数的和与差。

9.3 设 x＝3、y＝6,编写计算阶乘的函数,在主函数中调用阶乘函数计算 x!＋y! 的值。

9.4 编写从指定字符串中删除给定字符的函数,然后调用它从字符串"abcdccf"中删除字符 c。

9.5 编写从整型数组中检索给定数值位置的函数,然后调用此函数检索数组序列 10,12,34,45,56,67,78,89,90 中某个整数的位置,如果此整数不在数组中则输出字符信息。

9.6 编写函数求两个整数的最大公约数,在主程序中输入两个整数,调用这个函数求它们的最大公约数。

9.7 编写函数判断一个整数是否为素数(质数),在主函数中调用该函数判断一个整数是否为素数。

9.8 写一个函数,使给定的一个 3 行 3 列二维数组转置,即行列互换。

9.9 写一个函数统计字符串中字母、数字、空格和其他字符的个数。在主程序中输入字符串并输出结果。

9.10 编写函数,对一个整型数组按由大到小的顺序排序,在主函数中调用该函数实现数组排序,排序方法不限。

9.11 写一个函数,求一个字符串的长度。在主函数中输入字符串,并输出其长度。

第 10 章　数据存储与文件

10.1　概述

　　计算机内存是具有易失性的,当程序结束释放内存,数据就会丢失;而外部存储是非易失性的,即使关闭电源,也能保存数据。

　　文件是指存储在外部介质上的一组相关数据的集合。例如,程序文件是程序代码的集合,数据文件是数据的集合。每个文件都有一个名称,称为文件名。

　　在用程序解决的实际问题中,常常需要将大量的原始数据存储在文件中,然后执行程序从该文件中读取数据;也常常需要将程序运行的结果输出到文件中,以便长期保存。

　　文件分类方式有很多种,其中按照存储数据的组织方式可分为二进制文件和 ASCII 码文件二种。

10.2　文本文件与二进制文件

　　文本文件与二进制文件中的数据在内存中都以二进制形式表示,但在编码方式上,二者有很大的区别。

　　文本文件编码基于字符定长,译码容易些;二进制文件编码是变长的,更加灵活,存储空间利用率要高些,但译码比较难一些。对于存储空间的利用上,二进制文件可以用二进制位为存储数据,而文本文件操作的是字符(即一个字节)。

10.2.1　文本文件

　　文本文件也称为 ASCII 文件,这种文件在磁盘中存放时每个字符对应一个字节,用于存放对应的 ASCII 码。例如,将整数 35678 以文本文件存储,需先分解各位数字,然后转换成数值字符,其存储形式为 00000011 00110101 00110110 00110111 00111000,占用 5 个字节。

　　文本文件可在屏幕上按字符显示,如源程序文件就是 ASCII 文件,可以用记事本等工具软件显示,因此能读懂文件内容。

10.2.2　二进制文件

　　二进制文件,即是把数据按内存的存储方式直接存放在磁盘上的一种形式。

　　二进制文件是按二进制的编码方式来存放文件的。例如,整数 35678 的存储形式为 00000000 00000000 10001011 01011110,占四个字节。虽然也可以用记事本等工具软件显示二进制文件,但其内容无法读懂。

10.3 文件类型

在 C 语言中处理文件,需要定义文件类型(FILE)指针变量,当程序用 fopen 成功打开一个文件时,返回一个指向 FILE 结构体的指针来进行文件操作。

每个被使用的文件都在内存中开辟一个区域,用来存放文件的有关信息,这些信息保存在一个结构体类型的变量中,该结构体类型是由系统定义,类型名称为 FILE。

定义文件类型指针变量的格式:

    FILE * fp;

其中 fp 是指向 FILE 结构的指针变量,把 fp 称为指向一个文件的指针。

10.4 文件打开与关闭

C 语言同其他语言一样,规定对文件进行读写操作之前应该首先打开该文件,在操作结束之后应关闭该文件。

10.4.1 文件打开

使用文件打开函数 fopen,可以调用操作系统提供的打开文件或建立新文件功能,打开或建立指定文件,分配给打开的文件一个 FILE 类型的文件结构体变量,并将有关信息填入文件结构体变量。

文件打开函数的一般格式为:

    变量名=fopen(文件名,打开方式);

说明:

(1) 变量名所标识的变量类型是文件类型指针变量。

(2) 文件名是包含文件路径、文件名和文件扩展名的字符串。

(3) 打开方式是一个字符串常量,表示打开的文本文件的操作方式,具体含义如下。

① "r":只能从文件中读数据,该文件必须先存在,否则打开失败;

② "w":只能向文件写数据,若指定的文件不存在则创建它,如果存在则先删除它再重建一个新文件;

③ "a":向文件增加新数据(不删除原有数据),若文件不存在则打开失败,打开时位置指针移到文件末尾;

④ "r+":可读/写数据,该文件必须先存在,否则打开失败;

⑤ "w+":可读/写数据,用该模式新建一个文件,先向该文件写数据,然后可读取该文件中的数据;

⑥ "a+":可读/写数据,原来的文件不被删去,位置指针移到文件末尾。

如果打开的是二进制文件,则字符串常量加上字符"b",如"rb""ab"等。

如果打开成功,则可以通过文件类型指针变量继续后面的其他操作;而如果打开文件不成功,则文件指针等于 NULL,将无法继续操作文件,可使用 exit(0)函数结束程序。

例如,打开磁盘上已有的文本文件 a. txt,准备从中读取数据,判断文件是否打开成功。

```
FILE  * fp＝fopen("a. txt","r");
if(fp＝＝NULL)
    {
            无法打开的操作；
            exit（0）；
    }
```

简化书写为:

```
if((fp＝fopen("a. txt","r"))＝＝NULL)
{
        无法打开的操作；
        exit（0）；
}
```

10.4.2　文件关闭

C 语言本身对于同时打开文件的数量没有具体限制,但操作系统对同时打开文件的数量有一定限制。所以文件操作完成之后,应该及时关闭,这样既可以防止文件数据的丢失,也增加打开其他文件的机会。

关闭文件函数为 fclose,调用方式为:

```
fclose(fp);
```

其中 fp 为文件型指针。关闭操作成功函数返回 0 值,否则返回非 0 值。

10.5　文件读写

文件打开以后,就可以借助文件类型指针变量对文件进行读写操作,从计算机工作原理来分析,可以将文件理解成外围设备,对文件的读操作,是将文件中的数据"输入"到计算机内存,而对文件的写操作是把内存里的数据"输出"到文件中。

10.5.1　单字符读写

(1) 读字符 fputc 函数的调用格式:

```
ch＝fgetc(fp);
```

说明:fp 为文件型指针,ch 为字符变量。

ch＝fgetc(fp)函数从指定的文件 fp 中读入一个字符,赋给 ch。如果在执行 fgetc 函数读字符时遇到文件结束符,函数返回一个文件结束标志 EOF(整型常量－1)。

(2) 写字符 fputc 函数的调用格式:

```
fputc(ch,fp);
```

说明:fp 为文件型指针,ch 为字符变量。

fputc(ch,fp)函数的作用是将字符 ch 的值输出到 fp 所指向的文件中去。如果输出成功则返回值就是输出的字符;如果输出失败,则返回一个 EOF(整型常量－1)。

文本文件可以用两种方法来判定文件结束：

一是读入的字符若是 EOF(或整型常量-1)，则文件结束；二是利用 feof(fp)函数。若文件结束，feof 函数返回非 0 值，否则返回 0。

用二进制方式打开的文件，只能利用 feof(fp)函数来判定文件结束。

10.5.2　字符串读写

(1) 读字符串 fgets 函数调用格式是：

    fgets(str,length,fp);

说明：str 是字符指针，length 是整型数值，fp 是文件型指针。

函数 fgets 从 fp 指定的文件中当前的位置上读取字符串，直至读到换行符或第 length-1 个字符或遇到 EOF 为止。如果读入的是换行符，则它将作为字符串的一部分。若操作成功，则返回 str；若发生错误或到达文件尾时，则 fgets()都返回一个空指针。

(2) 写字符串 fputs 函数调用格式是：

    fputs(str,fp);

说明：str 是字符指针或字符串常量，fp 是文件型指针。

fputs 函数用来向 fp 指定的文件中当前的位置上写字符串。操作成功时，fputs()函数返回 0，失败时返回非 0 值。

10.5.3　格式化读写

fprintf 函数 和 fscanf 函数，这两个函数的功能与使用方法与 printf 和 scanf 相似，只是将键盘和屏幕换成了磁盘文件。

两个函数的调用格式为：

    fscanf(fp,"控制字符串",参数表);
    fprintf(fp,"控制字符串",参数表);

说明：fp 是文件型指针，控制字符串和参数表与 printf 函数和 scanf 函数一样。

fprintf 函数操作成功，返回实际被写的字符个数；出现错误时，返回一个负数。fscanf 函数操作成功，返回实际被赋值的参数个数；若返回 EOF，则表示试图去读取超过文件末尾的部分。

10.5.4　数据块读写

fread 函数和 fwrite 函数，是用来读写数据块的函数。它们的调用格式为：

    fread(buffer,size,count,fp);
    fwrite(buffer,size,count,fp);

说明：buffer 是一个指针，它是读入数据的存放地址，或输出数据的地址(以上指的是起始地址)；size 是要读写的字节数；count 是要进行读写多少次 size 字节的数据项；fp 是文件型指针。

fread 函数操作成功时，返回实际读取的字段个数 count；到达文件尾或出现错误时，返回值小于 count。

fwrite 函数操作成功时，返回实际所写的字段个数 count；返回值小于 count，说明发生了错误。

如果文件以二进制形式打开,用 fread 和 fwrite 函数就可以读写任何类型的信息,如:

　　fread(a,4,8,fp);

其中 a 是一个实型数组名。一个实型变量占 4 个字节。这个函数从 fp 所指向的文件读入 8 次(每次 4 个字节)数据,存储到数组 a 中。

10.6　文件定位函数

文件位置指针是用来表示在文件中读取和写入位置的指针,文件打开时文件位置指针应在文件开始(若以 Append 方式打开,文件位置指针应在文件尾)。顺序读写一个文件时,每次读写一个字符后,该位置指针自动移动指向下一个字符位置。

文件定位函数的功能是将文件位置指针定位到指定的位置,从而可从文件中提取指定的数据。

(1) 反绕函数 rewind 的调用格式:

　　rewind(fp);

说明:fp 是文件指针,函数功能是使由文件指针 fp 指定的文件的位置指针重新指向文件的开头位置,此函数没有返回值。

(2) 随机定位函数 fseek 的调用格式:

　　fseek(fp, offset, base);

说明:fp 是文件指针;offset 是一个长整数,是相对 base 的字节位移量;base 是文件位置指针移动的基准位置,是计算文件位置指针位移的基点。ANSI C 定义了 base 的可能取值(0 代表文件开始、1 代表文件当前位置、2 代表文件末尾)。

fseek 函数一般用于二进制文件,对二进制文件可以进行顺序读写,也可以进行随机读写。如果位置指针是按字节位置顺序移动的,就是顺序读写。如果能将位置指针按需要移动到任意位置,就可以实现随机读写。所谓随机读写,是指读写完上一个字符(字节)后,并不一定要读写其后续的字符(字节),而可以读写文件中任意所需的字符(字节)。

```
fseek(fp,100L,0);          //将位置指针移到离文件头 100 个字节处
fseek(fp,50L,1);           //将位置指针移到离当前位置 50 个字节处
fseek(fp,−10L,2);          //将位置指针从文件末尾处向后退 10 个字节
```

将文件位置指针定位后,就可以利用 fseek 函数实现随机读写了。

(3) 获取文件位置指针的当前位置函数 ftell,调用格式为:

　　fi=ftell(fp)

说明:fp 是文件指针;fi 是长整型数,功能是得到二进制文件中的当前位置,用相对于文件开头的位移量来表示。

如果 ftell 函数返回值为−1L,表示出错。例如:

```
fi=ftell(fp);
if(fi==−1L) printf("error"\n");
```

变量 fi 存放当前位置,如调用函数出错(如不存在此文件),则输出"error"。

10.7　案例分析

【案例 10.1】　文本文件的读写——数值数据。

在磁盘 D 的 ABC 文件夹中的 aaa.txt 文件中有两个数,求两数之和,将结果存储到同一文件夹内的 bbb.txt 中(原文件不存在)。

【问题分析】

文件操作的步骤主要分打开、读写、关闭。问题中包含两个文件,所以需要定义两个文件类型的指针变量,打开的方式分别为读文本文件和写文本文件,如果数据文件与程序文件没有存储在同一文件夹中,需指出打开的文件存储的位置,读写的操作可使用 fscanf 和 fprintf 两个函数。

问题中没有说明两个数的类型,为稳妥起见,定义为双精度实数。

用简化的 NS 图描述算法如图 10-1 所示。

定义两个文件类型指针变量
分别打开两个文件
判断文件打开是否成功
读入两个数
计算
结果写入文件
关闭两个文件

图 10-1　案例 10.1 的 NS 图

【C 语言代码】

```
#include<stdio.h>
#include <stdlib.h>
int main()
{
    FILE  * fp1, * fp2;
    double x,y,z;
    fp1=fopen("d://abc//aaa.txt","r");   //以读的方式打开文件
    if(fp1==NULL)   //判断文件是否打开成功,NULL 表示失败
    {
        printf("源文件打开错误! \n");
        exit(0);   //结束程序
    }
    fp2=fopen("d://abc//bbb.txt","w");   //以写的方式打开文件
    if(fp2==NULL)
    {
        printf("目标文件打开错误! \n");
        fclose(fp1);//虽然无法写入 bbb.txt,但 aaa.txt 已打开,退出前应关闭
```

```
        exit(0);
    }
    fscanf(fp1,"%lf%lf",&x,&y);        //读文件
    z=x+y;
    fprintf(fp2,"%lf\n",z);            //写数据
    fclose(fp1);                       //关闭文件
    fclose(fp2);
    return 0;
}
```

程序正常运行时,屏幕没有任何显示,但 D 盘的 ABC 文件夹中生成了新的 bbb.txt 文件,用记事本工具分别打开两个文件,内容如图 10-2、图 10-3 所示。

图 10-2　aaa.txt 文件(数值类)

如果源文件 aaa.txt 不存在,或未在指定位置,则屏幕显示"源文件打开错误!",若在指定文件位置中 bbb.txt 文件已经存在,并设置为只读属性,屏幕显示"目标文件打开错误!",同时由 exit(0)函数语句结束程序运行,代码中"fp1=fopen("d:\\abc\\aaa.txt","r");"也可写成"fp1=fopen("d:\\abc\\bbb.txt","r");"。

图 10-3　bbb.txt 文件(数值类)

【案例 10.2】　文本文件的读写——字符类数据。

将磁盘 D 的 ABC 文件夹中的 aaa.txt 文件中所有字符显示到屏幕上,并同时追加到同一文件夹内的 bbb.txt 中的尾部(原文件存在)。两文件内容如如图 10-4、图 10-5 所示。

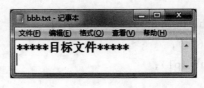

图 10-4　bbb.txt 文件(字符类)

【问题分析】

对比案例 10.1,程序总体仍然分打开、读写、关闭三个主要部分。

对目标文件打开操作采用追加方式,源文件中涉及多个字符,可用控制文件位置指针构

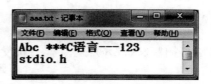

图 10-5   aaa.txt 文件(字符类)

成循环结构,判断文件结束用 feof 函数实现。读写的操作使用 fgetc 和 fputc 两个函数。

【C 语言代码 1】

```
# include<stdio. h>
# include <stdlib. h>
int main()
{
    FILE  * fp1, * fp2;
    char ch;
    fp1=fopen("d://abc//aaa. txt","r");
    if(fp1==NULL)
    {
        printf("源文件打开错误! \n");
        exit(0);
    }
    fp2=fopen("d://abc//bbb. txt","a");//以增加的方式打开文件,位置指针
                                        指向文件结尾
    if(fp2==NULL)
    {
        printf("目标文件打开错误! \n");
        exit(0);
    }
    ch=fgetc(fp1);         //读文件字符
    while(! feof(fp1))     //循环条件为文件 fp1 没有结束
    {
        fputc(ch,fp2);     //向文件写字符
        putchar(ch);
        ch=fgetc(fp1);
    }
    fclose(fp1);           //关闭文件
    fclose(fp2);
    return 0;
}
```

程序正常运行时,屏幕显示(图 10-6):

Abc ＊＊＊C 语言－－－123

stdio. h

图 10-6　程序正常运行后的屏幕显示

　　d 盘的 ABC 文件夹中 bbb. txt 文件内容为:如果源文件 aaa. txt 不存在,或未在指定位置,则屏幕显示"源文件打开错误!",若指定位置 bbb. txt 文件为只读属性,屏幕显示"目标文件打开错误!",同时由 exit(0) 函数语句结束程序运行。

　　也可以使用对文件操作字符串的方式实现上述功能,但需定义足够长度的字符串数组。

【C 语言代码 2】

```
int main()
{
    FILE ＊fp1,＊fp2;
    char ch[100];
    fp1＝fopen("d://abc//aaa. txt","r");
    if(fp1＝＝NULL)
    {
        printf("源文件打开错误! \n");
        exit(0);
    }
    fp2＝fopen("d://abc//bbb. txt","a");
    if(fp2＝＝NULL)
    {
        printf("目标文件打开错误! \n");
        exit(0);
    }
    fgets(ch,100,fp1);          //读文件中长度为 100 的字符串,或到换行结束
    while(! feof(fp1))
    {
        fputs(ch,fp2);          //向文件写字符串
        puts(ch);
        fgets(ch,100,fp1);
    }
    fclose(fp1);                //关闭文件
    fclose(fp2);
    return 0;
}
```

【案例 10.3】 二进制文件的读写。

输入 10 个学生某学科的考试成绩,升序排序后存入磁盘 D 的 ABC 文件夹的 score. dat 文件中(原文件不存在),并打开文件显示验证。

【问题分析】

向二进制文件存储数据,对应打开方式为"wb",在向二进制文件中写数据时常常用 fwrite 函数,在对数组数据写入时优势更为明显,它的使用格式为:

fwrite(变量地址,数据类型所占字节数,数据个数,文件指针)

从二进制文件中读取数据,对应打开方式为"rb",读取数据用 fread 函数,其使用格式为:

fread(变量地址, 数据类型所占字节数, 数据个数, 文件指针)

【C 语言代码】

```c
#include<stdio. h>
#include <stdlib. h>
int main()
{
    FILE  * fp1;
    int cj[10],i,j,t;
    fp1=fopen("d://abc//score. dat","wb");//以写方式打开二进制文件
    if(fp1==NULL)
    {
        printf("源文件打开错误! \n");
        exit(0);
    }
    for(i=0;i<10;i++)            //键盘输入分数
        scanf("%d",&cj[i]);
    for(i=1;i<10;i++)            //冒泡排序
        for(j=0;j<10-i;j++)
            if(cj[j]>cj[j+1])
                t=cj[j],cj[j]=cj[j+1],cj[j+1]=t;
    fwrite(cj,sizeof(int),10,fp1);    //将 10 个整数写入文件
    fclose(fp1);
    fp1=fopen("d://abc//score. dat","rb");//以读方式打开二进制文件
    if(fp1==NULL)
    {
        printf("源文件打开错误! \n");
        exit(0);
    }
    fread(cj, sizeof(int),10,fp1);    //从文件读 10 个整数到 cj 数组
    for(i=0;i<10;i++)
```

```
            printf("%d ",cj[i]);
        fclose(fp1);
        return 0;
    }
```

程序运行结果：

　　键盘输入：90 77 86 79 90 91 82 88 66 60

　　输出：60 66 77 79 82 86 88 90 90 91

【案例 10.4】　文件定位。

将上一案例文件 score. dat 中的 10 个数据输出两次,再每间隔一个数据输出 5 个数。

【问题分析】

　　二进制文件中数据两次输出,可以在第一次输出完成后,使用反绕函数将位置指针重新指向文件开始,然后执行第二次输出;间隔数据输出,可使用随机定位函数随机定位位置指针,然后从当前位读取数据,并输出。

【C 语言代码】

```
    #include<stdio. h>
    #include <stdlib. h>
    int main()
    {
        FILE  * fp1;
        int cj[10],i,j,t;
        fp1=fopen("d://abc//score. dat","rb");//以读方式打开二进制文件
        if(fp1==NULL)
        {
            printf("源文件打开错误! \n");
            exit(0);
        }
        for(j=1;j<=2;j++)                    //循环两次
        {
            fread(cj,sizeof(int),10,fp1);    //读 10 个整数,赋给数组
            for(i=0;i<10;i++)                //输出 10 个整数
                printf("%d ",cj[i]);
            printf("\n");
            rewind(fp1);                     //位置指针指向开始
        }
        rewind(fp1);
        for(i=1;i<=5;i++)
        {
            fread(&t,sizeof(int),1,fp1);//读取 5 次整数,写入到 t 变量
            printf("%d ",t);
```

```
        fseek(fp1,sizeof(int),1);//位置指针从当前位置向后移动一个整数
的字节
    }
    printf("\n");
    fclose(fp1);
    return 0;
}
```

程序运行结果：

60 66 77 79 82 86 88 90 90 91

60 66 77 79 82 86 88 90 90 91

60 77 82 88 90

10.8 项目拓展

将学生成绩存储到文件中,对文件中的学生信息进行处理,程序分解为成绩输入和结果输出两个功能模块。由主模块调用各模块,模块之间依靠参数联系。

```
#include <stdlib.h>
#include<stdio.h>
typedef struct
{    int xh;
    char xm[20];
    int cj[5];
    int zf;
} student;


int main()
{
    student * xs;
    int n=0,i;
    void shuru(void);
    void shuchu(void);
    while(1)
    {
        printf("1.数据输入   2.数据输出    3.退出\n 请输入 1-3 选择程序
    功能:");
        scanf("%d",&i);
        switch(i)
        {
            case 1:
```

```
                    shuru();
                    break;
            case 2:
                    shuchu();
                    break;
            case 3:
                    exit(0);
                    break;
        }
    }
    return 0;
}


void shuru()//输入数据到文件中,计算总分
{
    int i,j,n;
    student * xs;
    FILE * fp;
    printf("输入学生人数:");
    scanf("%d",&n);
    xs=(student * )malloc(n * sizeof(student));
    fp=fopen("student. doc","wb");
    if(fp==NULL)
    {
        printf("文件打开失败");
        exit(0);
    }
    for(i=0;i<n;i++)
    {
        printf("输入第%d 名学生的学号 姓名 成绩 1 成绩 2 成绩 3 成绩 4 成
    绩 5:",i+1);
        scanf("%d ",&(xs+i)->xh);
        scanf("%s ",(xs+i)->xm);
        (xs+i)->zf=0;
        for(j=0;j<5;j++)
            scanf("%d",&(xs+i)->cj[j]);
        for(j=0;j<5;j++)
            (xs+i)->zf+=(xs+i)->cj[j];
    }
```

```c
fwrite(&n,sizeof(int),1,fp);
fwrite(xs,sizeof(student),n,fp);
fclose(fp);
free(xs);
}


void shuchu()//输出处理结果
{
    int i,j,n,max[5];
    student * xs,t;
    FILE * fp;
    fp=fopen("student.doc","rb");
    if(fp==NULL){
        printf("文件打开失败");
        exit(0);
    }
fread(&n,sizeof(int),1,fp);
xs=(student * )malloc(n * sizeof(student));
fread(xs,sizeof(student),n,fp);

for(i=1;i<n;i++)
for(j=0;j<n-i;j++)
if((xs+j)->zf<(xs+j+1)->zf)
{t= * (xs+j), * (xs+j)= * (xs+j+1), * (xs+j+1)=t;}
for(j=0;j<5;j++)
{
    max[j]=xs->cj[j];
      for(i=0;i<n;i++)
        if(max[j]<(xs+i)->cj[j])
        max[j]=(xs+i)->cj[j];
}
for(i=0;i<n;i++){
printf("%d ",(xs+i)->xh);
printf("%s ",(xs+i)->xm);
for(j=0;j<5;j++)printf("%d ",(xs+i)->cj[j]);
printf("%d\n",(xs+i)->zf);
}
    printf("各科最高分为:");
for(j=0;j<5;j++)
```

```
        printf("%d ",max[j]);
    printf("\n");
    free(xs);
}
```

　　在源文件对应的文件夹中,会生成 student.doc 二进制文件,其中存储学生的个数和学生的学号、姓名、成绩及总分。

练　习　题

　　10.1　从键盘输入若干行字符,保存在一个文本文件中,当输入♯号时结束。

　　10.2　计算三个整数的平均值,三个整数由一个文本文件提供,计算结果输出到一个文本文件中。

　　10.3　在一个文本文件中存放 5 名学生的姓名和 3 门课考试成绩,从该文件读取数据,计算平均分,并将姓名和平均分输出到二进制文件。

　　10.4　在习题 10.3 输出文件中读取数据,并输出到屏幕。

第 11 章　泛化编程与预编译

11.1　概述

泛化编程,就是对抽象的算法的编程,即编程不针对某一特定的数据类型,算法可以广泛地适用于不同的数据类型,代码可重复使用性高,其效率与针对某特定数据类型而设计的算法相同。

C 语言泛化编程通常都是在预编译内完成,预编译又叫预处理。预编译不是编译,而是在系统正式编译之前由系统自动完成的处理。

虽然 C 语言可以实现一定的泛型编程,但安全性很差,只做简单的文本替换,系统对其只有有限的检查。

11.2　♯define 指令

♯define 又称宏定义,其功能是将标识符定义为其后的常量,之后程序中就可以直接用标识符来表示这个常量。

11.2.1　不带参数的宏定义

不带参数的宏,也称字符串宏,即用一个用标识符来表示一个常量,它不是 C 语言语句,因而不必以分号结尾。字符串宏的定义形式为:

　　♯define 标识符 字符串

如:♯define PI 3.14

这样就定义了一个标识符 PI,这个标识符用在程序中,可直接用常量 3.14 替换,避免了为计算不同精度而在程序多处修改的问题,此外,PI 不是变量,不会占用计算机内存。

值得说明的是,为了与程序中变量相区别,标识符一般使用大写字母表示;执行预处理命令时只做简单的替换,替换时不进行任何语法检查;对程序中出现在双引号里面的字符串,如果与宏名相同,则不进行替换。

11.2.2　带参数的宏定义

在宏定义时,可以使用参数,带参数的宏的定义形式为:

　　♯define 标识符(参数表) 字符串

其中字符串中应包含参数表中所指定的参数,如果参数有两个以上,之间用逗号分隔。

如:♯define P(x,y) x＊x＋y＊y

定义后,如果在程序中出现 P(2,3),则用 $2*2+3*3$ 替换。

由于在替换过程中,不进行任何语法检查,也不会增加括号等其他符号,所以使用时一定小心。

如果想构造 $(y+1)*(y+1)+x*x$ 这样的表达式,直接使用 P(y+1,x-1) 是错误的,因为系统不会增加括号,将会得到 $y+1*y+1+x*x$ 这样与要求的含义完成不同的表达式。应该写成 P((y+1),x) 形式。

11.3　♯include 指令

文件包含指令 ♯include 是 C 语言预处理程序的另一个重要功能,文件包含指令可以将另一个文件的全部内容包含到当前文件中,命令形式为:

　　♯include ＜文件名＞

　　或:♯include "文件名"

如果文件名两边使用尖括号,系统将在 include 命令设置的目录下查找包含的文件。若使用双引号,则先在当前工作目录下查找文件,找不到该文件时,再到系统设置的目录下查找。

在 C 语言编译系统中有许多以 .h 为扩展名的文件,它们被称为头文件,在使用 C 语言编译系统提供的库函数进行程序设计时,通常需要在源程序中包含进来相对应的头文件,比如在使用输入输出库函数时,应使用标准输入输出头文件:

　　♯include ＜stdio.h＞

使用数学函数编写程序时,应使用数学函数头文件:

　　♯include ＜math.h＞

文件包含还常常可应用于大规模程序设计过程中,将多个模块公用的符号常量或宏定义等单独组成一个文件,在其他文件的开头用包含命令包含该文件即可使用,以避免在每个文件开头都去书写那些公用量,从而节省时间,并减少出错。

11.4　条件编译

一般情况下,源程序中所有的行都参加编译,条件编译可以做到对源程序的一部分内容只有在满足一定条件的情况下才进行编译。

条件编译指令将决定哪些代码被编译,哪些是不被编译的。可根据表达式的值或某个特定宏是否被定义来确定编译条件。

11.4.1　♯ifdef … ♯else … ♯endif

该指令的格式为:

　　♯ifdef 标识符

　　程序段 1

　　♯else

　　程序段 2

＃endif

功能:若标识符已经被＃define 命令定义过,则对程序段 1 进行编译,否则编译程序段 2。

例如下列程序,因为存在两个 add 函数,编译时会提示语法错误,程序不能运行。

```c
＃include<stdio. h>
void add( )
{
    static int x＝0;
    x＋＋;
    printf("%d\n",x);
}
void add( )
{
    static int x＝0;
    x＋＋;
    printf("%d\n",x);
}
int main()
{
    add();
    add();
    return 0;
}
```

可以将上面程序改为:

```c
＃include <stdio. h>
＃define A
＃ifdef A
void add( )
{
    static int x＝0;
    x＋＋;
    printf("%d\n",x);
}
＃else
void add( )
{
    auto int x＝0;
    x＋＋;
    printf("%d\n",x);
}
```

```
#endif
int main()
{
        add();
        add();
        return 0;
}
```

由于在标识符 A 被定义过,所以第一个 add 函数和主函数被编译。

11.4.2 ♯ifndef … ♯else … ♯endif

这条指令与上一条相似,只是在 ifdef 中多加一个符号 n,指令的格式为:

♯ifndef 标识符

程序段 1

♯else

程序段 2

♯endif

功能:与第一种形式相反,如果标识符未被 ♯define 命令定义过,则对程序段 1 进行编译,否则对程序段 2 进行编译。

11.4.3 ♯if … ♯else … ♯endif

这种条件编译指令的一般格式为:

♯if 常量表达式

程序段 1

♯else

程序段 2

♯endif

功能:如果常量表达式的值为真,则对程序段 1 进行编译,否则对程序段 2 进行编译。

11.4.4 ♯if … ♯elif … ♯else … ♯endif

这种条件编译指令的一般格式为:

♯if（条件 1）

　　程序段 1

♯elif（条件 2）

　　程序段 2

……

♯elif（条件 n）

　　程序段 n

♯else

```
    程序段 n+1
  #endif
```
功能:类似多选择结构,根据条件成立与否,从多个程序段中选择一个进行编译。

11.5　案例分析

【案例 11.1】　不带参数的宏定义。

解决与圆相关的问题时,一定会用到圆周率这一常量,其精度常常又会根据题目的要求而改变,如果它在程序中多次出现,如何避免修改程序时对这一个常量进行多次修改?

【问题分析】

问题中明确了圆周率是一个常量,所以使用不带参数的宏定义的方法解决这一问题,对不同精度需要时,每次只改动一个位置的值即可。

定义一个标识符 PI,设定 PI 需要替换的数值,在代码中使用 PI 表示圆周率。

如:明确圆周率的值等于 3.14,定义为:#define PI 3.14

如果要求精度较高,则:#define PI 3.14159

如求一个圆的周长和面积:

【C 语言代码】

```
#include<stdio.h>
#define PI 3.14
int main()
{
    double r,s,l;
    scanf("%lf",&r);
    s=r*r*PI;
    l=2*r*PI;
    printf("s=%lf,l=%lf\n",s,l);
    return 0;
}
```

【案例 11.2】　带参数的宏定义。

计算任意类型的两个数之和。

【问题分析】

此问题如果用函数解决,必须明确形参的数据类型,而宏定义在程序代码编译时只做简单的替换操作,不做语法检查,没有数据类型的要求。

使用带参数的宏定义的方法,定义一个有参数的标识符,再设定其需要的替换表达式。

【C 语言代码】

```
#include<stdio.h>
#define ADD(x,y) x+y
int main()
{
```

```
        double x,y;
        int a,b;
        scanf("%lf %lf ",&x,&y);
        printf("s=%lf\n ",ADD(x,y));
        scanf("%d %d ",&a,&b);
        printf("s=%lf\n ",ADD(a,b));
        return 0;
    }
```

程序运行结果:

　　输入:7.5 9.6

　　输出:s=17.10000

　　输入:6 9

　　输出:s=15

【案例 11.3】　条件编译。

有三个人需对输入的字符串处理,甲要求输出字符串中所有的大写字母,乙要求输出小写英文字母,丙要求输出数字字符。

【问题分析】

此问题虽然可以在程序代码中用多选择结构分别对三种情况进行处理,但所有选择分支都会被编译,生成的可执行程序质量不高。

使用条件编译的方法,有选择地对不同程序段进行编译,是解决此问题的最佳方案。由于问题分三种情况,所以采用 #if … #elif … #else … #endif 格式。

【C 语言代码】

```
        #include <stdlib.h>
        #define N 0
        #include<stdio.h>
        int main()
        {
            char ch[200];
            int i=0;
            gets(ch);
            while(ch[i]! ='\0')
            {
                #if(N==0)
                    if(ch[i]>='a'&&ch[i]<='z')putchar(ch[i]);
                #elif(N==1)
                    if(ch[i]>='A'&&ch[i]<='Z')putchar(ch[i]);
                #else
                    if(ch[i]>='0'&&ch[i]<='9')putchar(ch[i]);
                #endif
                i++;
```

```
        }
        putchar('\n');
        return 0;
    }
```

程序运行结果：

　　　输入：abcABC123ABCabc

　　　输出：abcabc

更改♯define N 0 为♯define N 1

　　　输入：abcABC123ABCabc

　　　输出：ABCABC

更改♯define N 0 为♯define N 2

　　　输入：abcABC123ABCabc

　　　输出：123

在编写大型程序的时候，条件编译的作用会相当明显，因为减少了被编译的语句，从而缩短了目标程序的长度，因此能减少程序的运行时间。

练 习 题

11.1　写出下面程序的运行结果。

```
    #define ABC(X,Y) X * Y
    #include <stdio.h>
    int main()
    {
        int a=3,b=4,c=5,x;
        x=ABC(a+b,c);
        printf("x=%d\n",x);
        return 0;
    }
```

11.2　定义一个带两个参数的宏，交换两个参数的值，并写出调用宏的主函数。

11.3　编写一个判断字符是否为英文字母的宏 ABC，调用宏的主函数如下：

```
    #include <stdio.h>
    int main()
    {
        char ch;
        ch=gecchar();
        if(ABC(ch))
            printf("%c 是英文字母\n",ch);
        else
            printf("%c 不是英文字母\n",ch);
        return 0;
    }
```

附　录

附录 A　ASCII 码对照表

ASCII 码	字符	ASCII 码	字符	ASCII 码	字符	ASCII 码	字符
000	NUL	032	Space	064	@	096	`
001	SOH	033	!	065	A	097	a
002	STX	034	"	066	B	098	b
003	ETX	035	#	067	C	099	c
004	EOT	036	$	068	D	100	d
005	ENQ	037	%	069	E	101	e
006	ACK	038	&	070	F	102	f
007	BEL	039	'	071	G	103	g
008	BS	040	(	072	H	104	h
009	HT	041	)	073	I	105	i
010	LF	042	*	074	J	106	j
011	VT	043	+	075	K	107	k
012	FF	044	,	076	L	108	l
013	CR	045	—	077	M	109	m
014	SO	046	.	078	N	110	n
015	SI	047	/	079	O	111	o
016	DLE	048	0	080	P	112	p
017	DC1	049	1	081	Q	113	q
018	DC2	050	2	082	R	114	r
019	DC3	051	3	083	S	115	s
020	DC4	052	4	084	T	116	t
021	NAK	053	5	085	U	117	u
022	SYN	054	6	086	V	118	v
023	ETB	055	7	087	W	119	w
024	CAN	056	8	088	X	120	x
025	EM	057	9	089	Y	121	y
026	SUB	058	:	090	Z	122	z
027	ESC	059	;	091	[	123	{
028	FS	060	<	092	\	124	|
029	GS	061	=	093	]	125	}
030	RS	062	>	094	^	126	~
031	US	063	?	095	_	127	DEL

附录 B　运算符和结合性

运算符按照优先级大小由上向下排列,在同一行的运算符具有相同优先级。第二行是所有的单目运算符。

结合性是指当一个操作数两侧的运算符具有相同的优先级时,操作数是先与左边还是先与右边的运算符结合。

除单目、赋值和条件运算符是右结合性,其他都是左结合性。

优先级	运算符	含义	操作数个数	结合方式
1	( ) [ ] −> .	圆括号 数组下标 指向结构体成员 结构体成员		由左向右
2	! ~ ++ −− − * & (类型) sizeof	逻辑非 按位取反 自增 自减 负号 指针 取地址 类型转换 长度	1	由右向左
3	* / %	乘 除 求余数	2	由左向右
4	+ −	加 减	2	由左向右
5	<< >>	左移 右移	2	由左向右
6	< <= >= >	小于 小于等于 大于等于 大于	2	由左向右
7	== ! =	等于 不等于	2	由左向右
8	&	按位与	2	由左向右

续表

优先级	运算符	含义	操作数个数	结合方式
9	^	按位异或	2	由左向右
10	|	按位或	2	由左向右
11	&&	逻辑与	2	由左向右
12	||	逻辑或	2	由左向右
13	?:	条件	3	由右向左
14	= += -= *= /= &= ^= |= <<= >>=	赋值	2	由右向左
15	,	逗号		由左向右

附录 C　库函数

　　库函数并不是 C 语言的一部分。它是由人们根据需要编制并提供用户使用的。每一种 C 语言编译系统都提供了一批库函数,不同的编译系统所提供的库函数的数目和函数名以及函数功能是不完全相同的。ANSI C 标准提出了一批建议提供的标准库函数。它包括目前多数 C 语言编译系统所提供的库函数,但也有一些是某些 C 语言编译系统未曾实现的。考虑到通用性,本书列出 ANSI C 标准建议提供的、常用的部分库函数。对多数 C 语言编译系统,以使用这些函数的绝大部分。由于 C 语言库函数的种类和数目很多(例如,还有屏幕和图形函数、时间日期函数、与系统有关的函数等,每一类函数又包括各种功能的函数),限于篇幅本附录不能全部介绍,只从教学需要的角度列出最基本的。读者在编制 C 语言程序时可能要用到更多的函数,请查阅所用系统的手册。

一、数学函数

使用数学函数时,要包含头文件:math.h
1. 函数原型 int abs(int x)
功能:求整数 x 的绝对值。
返回值:计算结果。
2. double acos(double x)
功能:计算 $\cos^{-1}(x)$ 的值。
返回值:计算结果。

说明:x 应在－1 到 1 范围内。

3. double asin(double x)

功能:计算 $\sin^{-1}(x)$ 的值。

返回值:计算结果。

说明:x 应在－1 到 1 范围内。

4. double atan(double x)

功能:计算 $\tan^{-1}(x)$ 的值。

返回值:计算结果。

5. double atan2(double x,double y)

功能:计算 $\tan^{-1}(x/y)$ 的值。

返回值:计算结果。

6. double cos(double x)

功能:计算 $\cos(x)$ 的值。

返回值:计算结果。

说明:x 的单位为弧度。

7. double cosh (double x)

功能:计算 x 的双曲余弦 $\cosh(x)$ 的值。

返回值:计算结果。

8. double exp(double x)

功能:求 e^x 的值。

返回值:计算结果。

9. double fabs(double)

功能:求 x 的绝对值。

返回值:计算结果。

10. double floor(double x)

功能:求出不大于 x 的最大整数。

返回值:该整数的双精度实数。

11. double fmod(double x,double y)

功能:求整除 x/y 的余数。

返回值:返回余数的双精度数。

12. double frexp(double x,int ＊eptr)

功能:把双精度数 val 分解为数字部分(尾数)x 和以 2 为底的数 n,即 $val=x＊2^n$,n 存放在 eptr 指向的变量中。

返回值:返回数字部分 $x(0.5 \leqslant x \leqslant 1)$

13. double log(double x)

功能:求 $\log_e x$,即 $\ln x$。

返回值:计算结果。

14. double log10(double x)

功能:求 $\log_{10} x$ 。

返回值:计算结果。

15. double modf(doubleal,double ＊iptr)

功能:把双精度数 val 分解为整数部分和小数部分,把整数部分存放到 iptr 指向的单元。

返回值:val 的小数部分。

16. double pow(double x,double y)

功能:计算 x^y 的值。

返回值:计算结果。

17. int rand(void)

功能:产生－90 到 32767 间的随机数。

返回值:随机整数。

18. double sin (double x)

功能:计算 sin x 的值。

返回值:计算结果。

说明:x 单位为弧度。

19. double sinh(double x)

功能:计算 x 的双曲正弦函数 sinh(x)的值。

返回值:计算结果。

20. double sqrt(double x)

功能:计算 x 的平方根。

返回值:计算结果。

说明:x 应≥0

21. double tan(double x)

功能:计算 tan(x)的值。

返回值:计算结果。

说明:x 单位为弧度。

22. double tanh(double)

功能:计算 x 的双曲正切函数 tanh(x)的值。

返回值:计算结果。

二、字符函数和字符串函数

ANSI C 标准要求在使用字符串函数时要包含头文件"string. h",在使用字符函数时要包含头文件"ctype. h"。有的 C 语言编译不遵循 ANSI C 标准的规定,而用其他名称的头文件。请使用时查有关手册。

1. int isalnum(int ch)

功能:检查 ch 是否是字母或数字。

返回值:是字母或数字返回 1;否则返回 0。

2. int isalpha(int ch)

功能:检查 ch 是否是字母。

返回值:是,返回 1;不是则返回 0。

3. int iscntrl(int ch)

功能:检查 ch 是否控制字符(其 ASCII 码在 0 到 0x1F 之间),不包括空格。

返回值:是,返回 1;不是则返回 0。

4. int isdigit(int ch)

功能:检查 ch 是否数字(0～9)。

返回值:是,返回 1;不是则返回 0。

5. int isgraph(int ch)

功能:检查 ch 是否可打印字符(其 ASCII 码在 0x21 到 0x7E 之间),不包括空格。

返回值:是,返回 1;不是则返回 0。

6. int islower(int ch)

功能:检查 ch 是否小写字母(a～z)。

返回值:是,返回 1;不是则返回 0。

7. int isprint(int ch)

功能:检查 ch 是否可打印字符(其 ASCII 码在 0x21 到 0x7E 之间)。

返回值:是,返回 1;不是则返回 0。

8. int ispunct(int ch)

功能:检查 ch 是否标点(不包括空格),即除字母、数字和空格以外的所有可打印字符。

返回值:是,返回 1;不是则返回 0。

9. int isspace(int ch)

功能:检查 ch 是否空格,跳格符(制表符)或换行符。

返回值:是,返回 1;不是则返回 0。

10. int isupper(int ch)

功能:检查 ch 是否大写字母(A～Z)。

返回值:是,返回 1;不是则返回 0。

11. int isxdigit(int ch)

功能:检查 ch 是否为一个 16 进制的字符(即 0～9,或 A 到 F,或 a～f)。

返回值:是,返回 1;不是则返回 0。

12. char * strcat(char * str1,char * str2)

功能:把字符串 str2 接到 str1 后面,str1 最后面的′\0′被取消。

返回值:str1。

13. char * strchr(char * str,char ch)

功能:找出 str 指向的字符串中第一次出现字符 ch 的位置。

返回值:返回指向该位置的指针;如找不到,则返回空指针。

14. int strcmp(char * str1,char * str2)

功能:比较 str1 和 str2 两个字符串的大小 。

返回值:str1<str2,返回负数;str1==str2,返回 0;str1>str2,返回正数。

15. char * strcpy(char * str1,char * str2)

功能:把 str2 指向的字符串拷贝到 str1 中去。

返回值:返回 str1。

16. unsigned int strlen(char ＊ str)

功能:统计字符串 str 中字符的个数(不包括终止符'\0')。

返回值:返回字符个数。

17. char ＊ strstr(char ＊ str1,char ＊ str2)

功能:找出 str2 字符串在 str1 字符串中第一次出现的位置(不包括 str2 字符串结束符)。

返回值:返回该位置的指针;如找不到,则返回空指针.

18. int toupper(int ch)

功能:ch 字符转换为小写字母。

返回值:返回 ch 所代表的字符的小写字母。

19. int toupper(int ch)

功能:将 ch 字符转换成大写字母。

返回值:与 ch 相应的大写字母。

三、输入输出函敛

凡用以下的输入输出函数,应该使用头文件:stdio. h

1. void clearer(FILE ＊ fb)

功能:消除文件指针错误。

返回值:无

2. int close(int fp)

功能:关闭文件。

返回值:关闭成功返回 0;不成功,返回—1。

说明:非 ANSI 标准。

3. int creat(char ＊ filename,int mode)

功能:以 mode 所指定的方式建立文件。

返回值:成功则返回正数,否则返回—1。

说明:非 ANSI 标准。

4. int eof(int fd)

功能:检查文件是否结束。

返回值:遇文件结束,返回 1;否则返回 0。

说明:非 ANSI 标准。

5. int fclose(FILE ＊ fp)

功能:关闭 fp 所指的文件,释放文件缓冲区。

返回值:有错则返回非 0,否则返回 0。

6. int feof(FILE ＊ fp)

功能:检查文件是否结束。

返回值:遇文件结束符返回非 0,否则返回 0。

7. int fgetc(FILE ＊ fp)

功能:从 fp 所指定的文件中取得下一个字符。

返回值:返回所得到的字符;若读入出错,则返回 EOF。

8. char * fgets(char * buf,int n,FILE * fp)

功能:从 fp 指向的文件读取一个长度为(n-1)的字符串,存入起始地址为 buf 的空间。

返回值:返回地址 buf;若遇文件结束或出错,则返回 NULL。

9. FILE * fopen(char * file—name,char * mode)

功能:以 mode 指定的方式打开名为 filename 的文件。

返回值:成功,返回一个文件指针(文件信息区的起始地址);否则返回 0。

10. int fprintf(FILE * fp,char * format,args,…)

功能:把 args 的值以 format 指定的格式输出到 fp 所指定的文件中。

返回值:实际输出的字符数。

11. int fputc(char ch,FILE * fp)

功能:将字符 ch 输出到 fp 指向的文件中。

返回值:成功,则返回该字符;否则返回非 0。

12. int fputs(char * str,FILE * fp)

功能:将 str 指向的字符串输出到 fp 所指定的文件。

返回值:返回 0,若出错返回非 0。

13. int fread(char * pt, unsigned size,unsigned n,FILE * fp)

功能:从 fp 所指定的文件中读取长度为 size 的 n 个数据项,存到 pt 所指向的内存区。

返回值:返回所读的数据项个数,如遇文件结束或出错则返回 0。

14. int fscanf(FIL E * fp,char format,args,…)

功能:从 fp 指定的文件中按 format 给定的格式将输入数据送到 args 所指向的内存单元(args 是指针)。

返回值:已输入的数据个数。

15. int fseek(FILE * fp,long offset,int base)

功能:将 fp 所指向的文件的位置指针移到以 base 所指出的位置为基准、以 offset 为位移的位置。

返回值:返回当前位置;否则,返回-1。

16. long ftell(FILE * fp)

功能:返回 fp 所指向的文件中的读写位置。

返回值:返回 fp 所指向的文件中的读写位置。

17. int fwrite(char * ptr,unsigned size,unsigned n ,FILE * fp)

功能:把 ptr 所指向的 n * size 个字节输出到 fp 所指向的文件中。

返回值:写到 fp 文件中数据项的个数。

18. int getc(FILE * fp)

功能:从 fp 所指向的文件中读入一个字符。

返回值:返回所读的字符;若文件结束或出错,则返回 EOF。

19. int getchar(void)

功能:从标准输入设备读取下一个字符。

返回值：所读字符；若文件结束或出错，则返回-1。

20. int getw(FILE * fp)

功能：从 fp 所指向的文件读取下一个字（整数）。

返回值：输出的整数；如文件结束或出错，则返回-1。

说明：非 ANSI 标准函数。

21. int open(char * filename,int mode)

功能：以 mode 指出的方式打开已存在的名为 filename 的文件。

返回值：返回文件号（正数）；如打开失败，则返回-1。

说明：非 ANSI 标准函数。

22. int printf(char * format,args,…)

功能：按 format 格式字符串所规定的格式,将输出表列 args 的值输出到标准输出设备。

返回值：输出字符的个数；若出错,则返回负数。

说明：format 可以是一个字符串或字符数组的起始地址。

23. int putc (int ch,FILE * fp)

功能：把一个字符 ch 输出到 fp 所指的文件中。

返回值：输出的字符 ch;若出错,则返回 EOF。

24. int putchar(char ch)

功能：把字符 ch 输出到标准输出设备。

返回值：输出的字符 ch;若出错,则返回 EOF。

25. int puts(char * str)

功能：把 str 指向的字符串输出到标准输出设备,将'\0'转换为回车换行。

返回值：返回换行符;若失败,则返回 EOF。

26. int putw(int w,FILE * fp)

功能：将一个整数 w(即一个字)写到 fp 指向的文件中。

返回值：返回输出的整数;若出错,则返回 EOF。

说明：非 ANSI 标准函数。

27. int read(int fd,char * buf,unsigned count)

功能：从文件号 fd 所指示的文件中读 count 个字节到由 buf 指示的缓冲区中。

返回值：返回真正读入的字节个数;如遇文件结束则返回 0,出错则返回-1。

说明：非 ANSI 标准函数。

28. int rename(cha r* oldname,char * newname)

功能：把由 oldname 所指的文件名改为由 newname 所指的文件名。

返回值：成功返回 0,出错返回-1。

29. void rewind(FILE * fp)

功能：将 fp 文件位置指针置于文件开头位置,并清除文件结束标识和错误标识。

返回值：无

30. int scanf(char * format,agrs,…)

功能：从标准输入设备按 format 格式字符串所规定的格式,输入数据到 args 地址。

返回值:读入并赋给 args 的数据个数;遇文件结束返回 EOF,出错返回 0。

说明:args 为指针。

31. int write(int fd,Char * buf,unsigned count)

功能:从 buf 指示的缓冲区输出 count 个字符到 fd 所标识的文件中。

返回值:返回实际输出的字节数,如出错则返回－1。

说明:非 ANSI 标准函数。

四、动态存储分配函数

ANSI 标准建议设 4 个有关的动态存储分配的函数,即 calloc()、malloc()、free()、re-al10c()。实际上,许多 C 语言编译系统实现时,往往增加了一些其他函数。ANSI 标准建议在"stdlib. h"头文件中包含有关的信息,但许多 C 语言编译要求用"malloc. h"而不是"stdlib. h"。读者在使用时应查阅有关手册。

ANSI 标准要求动态分配系统返回 void 指针。void 指针具有一般性,它们可以指向任意类型的数据。但目前有的 C 语言编译所提供的这类函数返回 char 指针。无论是以上两种情况的哪一种,都需要用强制类型转换的方法把 void 或 char 指针转换成所需的类型。

1. void * calloc(unsigned n,unsign size)

功能:分配 n 个数据项的内存连续空间,每个数据项的大小为 size。

返回值:分配内存单元的起始地址;如不成功,则返回 0。

2. void * free(void * p);

功能:释放 p 所指的内存储区。

返回值:无

3. void * malloc(unsigned size)

功能:分配 size 字节的存储区。

返回值:所分配的内存区地址;如内存不够,则返回 0。

4. void * realloc (void * p,unsigned size)

功能:将 f 所指出的分配内存区的大小改为 size。size 可以比原来分配的空间大或小。

返回值:返回指向该内存区的指针。

参 考 文 献

[1] 李震平,魏红君,吴迪.C 语言程序设计项目化教程[M].2 版.北京:北京邮电大学出版社,2019.

[2] 谭浩强.C 程序设计[M].5 版.北京:清华大学出版社,2017.

[3] 占跃华,熊燕龙.C 语言程序设计[M].4 版.北京:北京邮电大学出版社,2022.

[4] 张宁.C 语言其实很简单[M].北京:清华大学出版社,2015.

[5] 朱鸣华,刘旭麟,杨微,等.C 语言程序设计教程[M].2 版.北京:机械工业出版社,2011.